Osprey Military New Vanguard
オスプレイ・ミリタリー・シリーズ

世界の戦車イラストレイテッド
27

8.8cm対空砲と対戦車砲 1936-1945

［共著］
ジョン・ノリス

［カラー・イラスト］
マイク・フラー

［訳者］
山野治夫

88mm FlaK 18/36/37/41 & PaK 43 1936-45

Text by
John Norris

Colour Plates by
Mike Fuller

大日本絵画

目次　contents

3	イントロダクション	introduction
4	開発	development
8	次世代対空砲1936〜1937	the next generation of flak guns 1936-37
15	自走対空砲	the self-propelled anti-aircraft guns
18	対戦車砲	the pak guns
34	戦車砲の運用	the tank guns
37	自走砲部隊での運用	the self-propelled units
40	多用された88	miscellaneous 88
25 / 45	カラー・イラスト	カラー・イラスト解説

◎著者紹介

ジョン・ノリス　John Norris
チャネル諸島のジャージー島で生まれ育つ。イギリス本土に移り近衛擲弾兵となり6年間の連隊勤務につく。20年以上にわたって軍事雑誌に寄稿し、ブラッセイ社から3冊、サットン社から1冊の著書を出版する。現在はいくつかの雑誌に執筆するとともに、世界中の戦跡を案内するミダスツアーズ・アンド・エキスパート・イン・トラベル社の専門ツアーガイドを勤める。

マイク・フラー　Mike Fuller
ブリティッシュ・エアロスペース・インダストリーでまず身を起こし、ハリアーおよびコンコルドの両プロジェクトに参加する。その後国防省の技術出版部門で働き、装甲戦闘車両を取り扱う。現在は経験あるフリーのイラストレーターとして、広範囲の書籍、パートワークの分冊出版物の仕事を行う。古代から現在に至るすべての分野の軍事史に強い興味を抱いている。

8.8㎝対空砲と対戦車砲1936-1945
88mm FlaK 18/36/37/41 & PaK 43 1936-45

introduction●イントロダクション

　論じるまでもなく第二次世界大戦中に使用されたドイツ軍砲兵機材の中で最も有名な8.8㎝砲は、もともと対空用に設計されたものであった。奇妙な運命のいたずらによって、この砲は第二次大戦での最も強力な対戦車砲となった。しかし戦場での任務の変更にもかかわらず、多数が対空任務での使用を続けられた。

　「エイティ・エイト」（あるいは単に「88」と連合軍は呼んだ[訳注1]）は、1933年に運用が開始された。本砲はドイツの巨大軍需産業のクルップ社とスウェーデンのボフォース社の技術者チームによって、1920年から1930年の間に極秘裏に開発された。戦間期の初期にドイツは次々と続く政治的危機によろめき、ドイツ国防軍がこのような多目的火器を保有することになるとは、誰も予測することはできなかった。

　本砲はドイツ軍の陸・海・空3部門すべてで、さまざまな時期に異なるバージョンが使用され、連合軍も比較できる火器——イギリス軍の3.7インチ（94㎜）対空砲、フランス軍の90㎜砲、アメリカ軍の90㎜対空砲——を装備していたものの、そのどれもが88と同様の名声を得ることはなかった。

訳注1:ドイツ軍では「アハト・アハト」、つまりドイツ語で88と呼んだ。

ドイツ軍が放棄した2門の88。1942年、マルサ・マトルー（＊）の近く。防盾がない砲は復列タイヤの砲車に取り付けられている。

（＊訳注：マルサ・マトルーはエジプト領内エル・アラメインの西約160kmにある。ドイツ軍はエル・アラメインの敗北後の11月7日にはマルサ・マトルーを放棄しており、この砲はそのときに遺棄されたものであろう）

最初のアハト・アハト
The First 88

8.8cm砲の先駆となったのは、1917年にクルップ社およびエアハルト社(エアハルト社は後にラインメタル社となる)によって開発された対空砲、8.8cm FlaKである。この砲には半自動式[訳注2]の水平スライド式砲尾栓が装備され、9.5kgの弾丸を発射することができた。よく訓練された砲員による射撃は毎分10発に達した。射撃時の砲の重量は7300kgで、十字型の砲架上の台座に装備されており、移動時には一軸片側1本×2＝2本のシングルタイヤ2組が取り付けられる。通常は牽引されるが、より良い機動力を得るため何門かは軍用トラックの後部に搭載することが考慮されていた。

砲身は70度以上の仰角がとれ、砲口初速は785m/sで弾丸の射高は8850mに達し、これなら当時の速度の遅い航空機と交戦するには十分すぎる性能だった。砲は支台に装備され、360度旋回して目標を追尾することが可能であった。対地任務では8.8cm砲は、弾丸を10800mにとどく水平射程で平射することが可能であった。

8.8cm砲は連合軍の空襲に脆弱な、ルールおよびライン周辺の工業中心部を防衛するために使用された。初期のイギリス空軍のハンドレイ＝ペイジ爆撃機[訳注3]のような航空機に対抗するため、工場や発電所は6門から8門を装備する中隊によって防御される。1918年に戦争が終結した後、連合国はドイツ軍の軍需産業に厳しい制限を課し、対空砲、戦車、航空機とさらに毒ガスのような大量破壊兵器の保有あるいは開発を禁止した。それで8.8cm対空砲の先進的な設計は、明らかにゴミ捨て場に送られるべきものとなった。

development
開発

第一次世界大戦の余波の中で、多くのドイツ軍需産業は、1919年のヴェルサイユ条約[訳注4]によって課された制限の結果、事業を取りやめた。しかしクルップ社のようないくつかの会社は、その高度な経験を有する設計者や研究者を、ヨーロッパ中の外国軍需産業に再配置した。ドイツの砲製作企業のいくつかの生産チームは、軍備制限を外国企業と協同することでなんとか避け、同時に価値ある経験を得た。

訳注2：尾栓の開閉を自動的に行うセミオートマチックの半自動砲型式。砲の後座または復座運動の間に尾栓を開放し、弾薬を装塡する時に、尾栓の制止を外し、尾栓が自動的に閉まる。

訳注3：イギリスで最初の本格的爆撃機。

Sd.Kfz.11ハーフトラックで牽引される、移動状態のFlaK18。同砲は常に砲身を牽引車両の方向に前向きにして牽引される。砲員は牽引車に乗車し、素早く展開して砲を射撃状態にできる。(Ian Hogg)

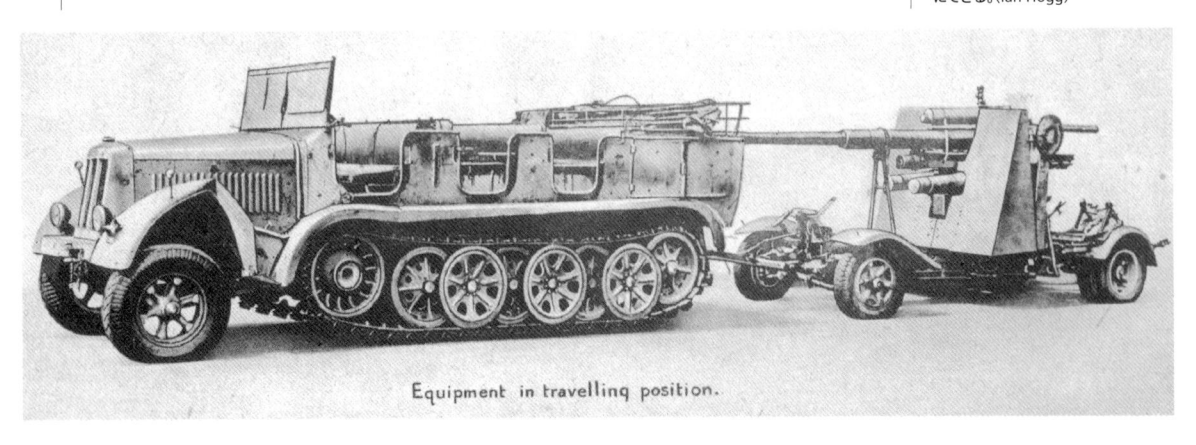

Equipment in travelling position.

訳注4：ヴェルサイユ条約は第一次世界大戦を終結させるため、ドイツと連合諸国との間に、1919年にフランスのパリ近郊ヴェルサイユで結ばれた講和条約である。その内容はあまりに苛酷で、戦争責任をすべてドイツに負わせ、領土の割譲、植民地の放棄、巨額の賠償金、軍備の制限等を課しており、後にヒットラー台頭の原因ともなったといわれる。

訳注5：ドイツ軍では火砲の口径をcmで表すのが一般的であった。本書もドイツ軍の表記にならって8.8cm砲とする。

訳注6：口径という用語は砲の直径を表す場合と砲身の長さを表す場合とがある。砲身の長さを表す場合は、○○口径で砲の直径の○○倍の長さという意味になる。

このような協同事業には、1920年代にスウェーデンのボフォース社とともに作業を行ったクルップ社の砲兵設計者を長とするチームも含まれていた。クルップ社はこの指導的なスウェーデンの武器製造企業の株式のおよそ600万株（全発行株式1900万株の中から）を保有していた。1931年には一時的に国外に移動していた技術者によるクルップ社のチームは、（ヴェルサイユ条約の廃棄に）先んじて決断しエッセンの彼らの会社に戻った。ここで彼らはスウェーデンで作業を進めていた、口径88mm（場合によっては8.8cmとも記述される[訳注5]）のまったく新しい対空砲の計画を明らかにした。こうした火器の開発はヴェルサイユ条約に反するものであり、ドイツは軍備制限条項を破ったのである。

クルップ社は秘密裏に精力的な試験と野戦試験を行い、その間いくつかの細かい改良が提案された。いうまでもなく、これは新型砲では異例なことではない。しかし詳細に観察すると、本砲にはいくつもの革新的特徴が浮き彫りになる。実際その設計は非常に進歩したもので、この武器は「流れ作業」で、たとえば自動車工場やトラクター工場で、特別な設備を必要とせずに大量生産できた。

アードルフ・ヒットラーは1933年に権力の座へつくと、すぐにドイツの武器開発を阻んでいたヴェルサイユ条約を反故にした。それまでドイツ軍部はさまざまな口実を用いて、なんとか対空砲兵装備に関する技量と技術を維持してきた。このため1934年にヒットラーがドイツの再軍備計画を公にしたときまでには、8.8cm砲はすでに大量生産に入っていた。

8.8cm FlaK18
The 88㎜ FlaK 18

クルップ社は秘密裏に新型砲のプロトタイプを製作し、1932年にドイツ軍に提示した。クルップ社の時宜を得た投資と詳細にわたる注意によって、88はほとんど即座に軍に採用された。成功裏に行われた野戦試験の後で大量生産に移行し、1933年には8.8cm FlaK18（Flugabwehrkanone 18＝18年式対空砲）として運用が開始された。

砲そのものはかなり保守的な設計であったが、砲身は2つの部分から作られ、「ジャケット」の中に差し込まれた。射撃によってひとつの部分が損耗したなら、砲身全部を交換せずその部分だけを交換できた。砲身は長さは53口径[訳注6]L/56タイプで、全長は

移動用砲車に取り付けられたFlaK18。砲車に用いられているシングルタイプの空気タイヤと牽引バーに注目。巨大な砲防盾は、砲員に小火器火力と弾片に対するある程度の防護を与えてくれる。(Ian Hogg)

View - left front - travelling.

4.664mであった。しかし実際の巧妙さは水平スライド鎖栓機構にある。機構は半自動式にスプリングの力で作動し、続いて砲が発射されると砲の反動によってスプリングが緊縮される。

　砲車には移動用の2組の台車が取り付けられる。台車にはシングルタイプの空気タイヤが取り付けられ、砲が射撃のために展開する前に取り外すことができる。その状態での重量は6681kgになる。砲架は多くの点で第一次世界大戦中のもともとの8.8cm FlaKに使用されていたのと同様のタイプであった。上から見ると十字型(ドイツ語ではkreuzlaffette=クロイツラフェッテとして知られる)をして4本の足をもち、砲身が取り付けられた支台は中央に装備される。これによって砲は360度旋回可能で、砲身は−3度──地上目標と交戦するため──から＋85度──対空任務──で俯仰することができる。2つの車輪をもつ砲車2組が砲架端にフックで取り付けられ、砲はFAMOやハノマークSd.Kfz.11ハーフトラック[訳注7]のような牽引車で牽引することができる。これらの車両はまた砲員をも輸送し、他の随伴車両が補給用弾薬を輸送する。

　よく訓練された砲員があつかえば、1分間に15発もの榴弾を発射することができた。1発の榴弾の重量は10.4kgである。後に砲口初速820m/s、重量9.2kgの徹甲弾も生産された。高い発射速度を可能にした要因の一部は、一体型の弾薬を使用したことである[訳注8]。弾頭と薬莢が一体となっており、巨大なライフル弾のようである。実際これは8.8cm砲の、薬室を拡大した他のモデルが開発されたときも含めて、その歴史を通じての特徴であった。FlaK18の戦闘時の重量は4985kgで、水平にも垂直面にも正確な射撃ができた。標準的榴弾を9900mの高さまで到達させることができたが、有効射高〜最も強力な効果を及ぼせる高さ〜は8000mであった。FlaK18の最大地上射程は14800mで、これは前進する歩兵をカバーする支援砲兵射撃に使用されるものであった。FlaK18はまた効果的な対戦車火器であり、3000mまでの目標と交戦することができた。事実、8.8cm砲の砲員がいかなる目標を視認し狙おうとも、彼らは確かに命中を期待することができた。

　1939年に兵器局は、FlaK18の対戦車任務における強力な潜在能力を理解し、同砲

上と右頁●英国陸軍砲兵第58軽対空砲連隊第172中隊の人員が8.8cm砲を使用して、元の持ち主に対して射撃を行う。1944年12月の撮影。排出される空薬莢と右側で発射用の引き綱をもつ兵士に注目。編み細工の弾薬ケースには各々3発の弾薬が収容される。

訳注7：FAMOとはSd.Kfz.9 18tハーフトラック、Sd.Kfz.11は3tハーフトラックであり、実際にはこれらでなくSd.Kfz.7 8tハーフトラックが牽引車として用いられた。

訳注8：装薬と弾丸の関係から完全薬筒式という。装薬は薬莢内に入れられ、弾丸は薬莢の口でくわえられて弾丸と発射用の火薬を同時に砲へ装填できる。ほか弾丸と装薬の種類には、装薬を入れた薬莢を弾丸と別に砲へ装填する半分離式、薬莢を用いず火薬を袋に入れた薬嚢を弾丸と全く別に装填する分離式がある。

訳注9：Sd.Kfz.8の名称は12tハーフトラックに与えられたものである。8.8cm砲を搭載した12t牽引車は、第8重戦車駆逐大隊に配備され、ポーランドおよびフランス戦役で使用された。

訳注10：Sd.Kfz.9は18tハーフトラックの名称である。

訳注11：リッター・フォン・アイマンスベルガーは元々はオーストリア軍人で、1934年に「戦闘車両の戦争」と題する原稿を書き、ドイツ軍の戦車運用に大きな影響を与えた。

10門を発注した。それらは12tダイムラー・ベンツDB10牽引車の車台に搭載され、Sd.Kfz.8の名称が与えられた[訳注9]。これらは重対戦車砲そして要塞陣地を破壊するために使用された。

　1940年にはさらに15門が発注され、18tFAMO牽引車に搭載され、Sd.Kfz.9と命名された[訳注10]。本車には追加任務として対空防護任務が与えられた。これら25両が生産されたこのタイプのすべてで、1942年にさらに112門を空軍と陸軍向けに、FlaK37を使用して生産する計画が立てられたが、この発注は1943年半ばに破棄されている。

スペイン内戦 1936～1939年
The Spanish Civil War

　1936年にスペイン内戦が共和政府側とナショナリスト軍部側との間で勃発すると、イタリアとドイツはフランシスコ・フランコ将軍に率いられた右翼軍部側に義勇兵と軍事援助を送り込んだ。ドイツの派遣部隊は「コンドル・レギオン」（コンドル兵団）として知られ、主として空軍の要員であり、8.8cm FlaK18対空砲を装備していた。何人かの歴史家は後に、第二次世界大戦中に使用された武器の実験場と、スペイン内戦を記述した。当時の観察者は、とくにドイツの対戦車武器がうまく機能したことに注目している。ひとりのドイツ人将官、ルートヴィヒ・リッター・フォン・アイマンスベルガー将軍[訳注11]は、早くも1937年に対戦車任務における8.8cm砲の将来の潜在能力を見抜いていた。

　「デア・アドラー（Der Adler＝鷲）」や「ディ・ヴェーアマハト（Die Wehrmacht＝国防軍）」のようなプロパガンダニュース紙の一連の記事では、新しい電撃戦戦術について、とくに砲兵部門の任務について論じている。また、『スペインにおけるドイツ軍の戦闘（Deutsche Kampfen in Spanien）』といった書籍では、対空砲がどれだけ対戦車任務に用いられたかを解説している：

　「1937年初めから、『対空』砲兵はますます対地上任務に使用されるようになった。その正確な照準、速射性能、そしてその射程は、これをとくに適した武器とした。これによって『対空砲』は最終的にスペイン戦争におけるカタロニアでの最後の攻勢で以下のように使用されることとなった。すなわちこれらの砲から発射された全弾薬のうち、7パーセ

ントが対空目標に対するもので、93パーセントが地上目標に対するものであった」

これらの統計にもかかわらず、ハインツ・グデーリアン将軍[訳注12]のような何人かのドイツ軍参謀士官は、反対の見解を抱いており、険しい地形と経験のない共和派の乗員が使用したのは旧式戦車なのだから、武器の完全なる試験場とはとてもいえないと主張している。しかしスペインでの経験の後、砲にはより洗練が進められた。適切な直射照準器、特殊な対戦車用徹甲弾が開発された。このパンツァーグラナーテ40（Panzergranate 40／Pzgr40＝40式徹甲弾）あるいはAP40の貫徹体の重量は10.4kgで、軟鋼の弾体と被帽にタングステンカーバイト鋼の弾芯からなる。貫徹体には射撃時の弾道性能を向上させるため、風帽が取り付けられている[訳注13]。

おそらくフランスのカンの南地域で放棄されたFlaK36。鉄道線路の近くに配置されていた（＊）。外側に延びた足の1本が持ち上げられた位置にあるのに注目。
（＊訳注：だとすると1944年7月18日に発動されたイギリス軍によるカン突破作戦をカン付近で防いだ伝説的な対空砲であろうか）

the next generation of flak guns 1936-37
次世代対空砲1936～1937

スペインでの戦闘中に得られた経験に基づき、ドイツ軍は戦術と武器の設計について入念に検討した。それによってFlaK18の設計上のいくつかの弱点が発見され、改良が提案された。これによって88の2つの改良モデル、FlaK36とFlaK37が導入された。1939年9月の第二次世界大戦の勃発時には、8.8cm砲の3つのバージョンが運用されていた。そのすべてはFlaK、すなわちフルークツォイクアブヴェーアカノーネ（Flugzeugabwehr-kanone）またはフルークアブヴェーアカノーネ（Flugabwehrkanone＝対空砲を縮めたもの）、と名付けられていた。

「要塞化された防御陣地に対する攻撃手順」という表題がつけられたドイツ軍の公式教

訳注12：グデーリアンは、ドイツ軍機甲部隊運用の第一人者であり、ポーランド、フランス、ロシアと戦車部隊を指揮し、その才能を発揮したが、モスクワ攻略作戦の失敗の後、ヒットラーと対立して解任された。その後、1943年に機甲部隊総監に復帰し、大戦末期のドイツ軍機甲部隊の戦力維持に腐心した。

訳注13：Pzgr40は貫徹力は優れていたが、希少金属であるタングステンを使用するため生産量が限られ、ごく限定的にしか使用されなかった。また風の影響を受けやすく、遠距離では貫徹力、命中精度ともに低下した。

1942年1月、北アフリカで移動するドイツ軍。88は通常の方法で牽引されている（＊）。砲員は牽引車に搭乗し、予備の燃料、弾薬、個人装備が搭載されている。砲身に描かれた「キル」リングに注目。これはこの砲員によって撃破された目標の数を示している。
（＊訳注：牽引車は8tハーフトラックである）

ハーフトラック牽引車につながれて（＊）、88が東部戦線で前線へと移動する。砲の圧倒的火力は、ソ連軍による大規模戦車攻撃に対して指向された。
（＊訳注：これも牽引車は8tハーフトラックである）

範は、ドイツのポーランド侵攻直前の1939年夏に発行された。そこでは次のように述べられている。「突撃分遣隊には、対戦車砲と8.8㎝砲が接近して続行し、防衛線の隙間を通って突入する」。しかしこれが戦術原則（ドクトリン）として述べられていたものの、実際に行う上ではとても現実的なものではなかった。ドイツ軍のポーランドへの進撃はあまりに急速であり、そしてポーランド空軍はドイツ空軍によって完全に圧倒されたため、前線の8.8㎝砲が教範の中に書かれたように展開することはほとんど不可能であった。当時ドイツ軍が運用していた3.7㎝対戦車砲PaK36は、TK-3や7TP［訳注14］といった軽装甲のポーランド軍戦車を撃破する任務に十分以上の威力があった。ポーランド侵攻時にドイツ軍は9000門以上の対空砲兵機材を保有しており、そのうちの2600門が8.8㎝および10.5㎝口径であった。

訳注14：ともにポーランドの国産戦車でTK-3はカーデンロイド豆戦車をベースとした豆戦車で機関銃を装備、7TPはヴィッカース6t戦車をベースとした軽戦車で37㎜砲を装備していた。ともに装甲はそれほど厚くなく、3.7㎝対戦車砲で容易に撃破できた。

ロシア戦線の場所不明の街路の真ん中に展開した1門の88。戦術的に隠蔽されてはいないものの、この砲はこの位置に向かってくる航空目標や車両に対して素早く火力を発揮することができる。

FlaK36
The FlaK 36

　スペインでの戦闘経験はFlaK18に、製造の単純化と戦闘条件下での取り扱い向上の両者について、いくらかの改良が必要であることを示唆していた。このため砲架は砲の安定性を増すため改良され、設計は生産の簡易化のため単純化された。

ロシアで行動中の8.8cm FlaK36の砲員。砲車を取り外した十字型砲架上から射撃が行われている。砲車の1組は写真右手に見える。手前の枝編み細工のケースに注目。この中には砲の弾薬が収容されている。(Ian Hogg)

　たとえばボギーに関しては、砲架の前後どちら側にも取り付けられる、砲固定具（クランプ）のついた新しい複輪空気タイヤ（一軸片側2本×2）が用意され、砲を架台の前後どちら側に向けたままでも砲車に乗せて移動することが可能になった。これは戦闘行動に移る、あるいは、行動から離脱する時間をおおいに短縮した。

　砲身は3つの部分からなり、一体に包み込む「外装スリーブ」によって保持されるようになった。砲身の特定の部分が損耗したなら、砲身全部でなくその部分だけを交換すればよかった。これは金属資源と人力をかなり節約することになった。

　FlaK36の砲身長はFlaK18と同一で4.664mであり、同じタイプの半自動式水平スライド式鎖栓が装備されていた。旋回も360度と同じで俯仰角度も同じく－3度から＋85度であった。FlaK36にはFlaK18同様の防盾が装備されていた。

　戦争中FlaK36の別バージョンが開発され、暫定的な兵器として運用された。これは8.8㎝ FlaK36/41として知られ、後のモデルであり基本的に1942年に運用が開始されたFlaK41の砲身が、アダプターを介してFlaK36の砲架に取り付けられていた。この88の特殊バージョンは、新型FlaK41の砲身の生産がFlaK41の砲架の生産を追い越したため製造されたものである。この問題を解決するためFlaK41の砲身がFlaK36の砲架、これは

1943年3月、エル・ハマからガベスへの進撃中にイギリス第8軍によって捕獲されたFlaK41。牽引車（＊）とともに放棄されている。折り畳まれた防盾側面に注目。これはFlaK41の特徴であった。（＊訳注：牽引車は8tハーフトラックである）。

訳注15：ゾンダーアンハンガー202 (Sd.Anh. 202)は砲架ではなく砲車である。

訳注16：この説明ではわかりづらいかもしれないが、戦艦の方位盤射撃のようなものである。12〜13頁の写真を参照されたい。各砲は中央の指揮所で計算したデータだけにしたがい、俯仰と見越し角（砲旋回）を担当する2人の砲員がそれぞれ砲俯仰ハンドルと砲旋回ハンドルを回して（13頁下の写真）、指示された数値にダイアル（12頁上の写真、左右に二組ある指針の左側が砲俯仰、右側が砲旋回用。小さな指針に指示された数値が示され、上の大きな指針を一致させる）を合わせる。弾薬を担当する砲員は信管調定機で弾丸が爆発するタイミングを設定し（13頁上の写真）、射撃を行う。この一連の作業のなかで砲員は、自身では目標を見て速度や距離、高度等の測定、計算等を行わない。各砲が手元でばらばらにこれらの計算を行うより、指揮所の高度な機材によって測定、計算し正確な射撃諸元を弾き出すので、より高い命中公算が得られる。

またゾンダーアンハンガー202 (Sonderanhanger 202)［訳注15］として知られる、に装着された。

FlaK37
The FlaK 37

　引き続き対空砲の照準器と火器管制システムの改良が図られた。砲手用のダイアルはシンプルな「指針追随式システム」に変わった。対空任務では2人の砲員が俯仰と移動目標を追尾するため使用される見越し角を制御する。照準体系の「指針追随式システム」は、砲員の任務を単純化し精度を向上するため開発された。それぞれ2組の異なる色の指針が着いた2個のダイアルが砲に装備された。ダイアルは中隊の中央火器管制所から電気信号によって伝達された情報を受け取る。火器管制情報が砲に送られたら、ダイアル内の色の着いた指針のひとつが、決定されたセッティングの位置までに移動する。そうしたら2人の砲員は単に、もうひとつの指針を火器管制所から送られたセッティングと合わせるように俯仰と見越し角を取りさえすればよい［訳注16］。

　砲には機械式アナログコンピューターを組み込んだ「コマンドゲレーテ (Kommandogeräte)」と呼ばれる接地式の大型照準望遠鏡／照準算定器、または補助照準算定器を用いて情報が伝達される。これは対空砲のために航空機の位置や飛行データを計算するのに使用されるものである。照準要員たちは望遠鏡を操作して目標を捕捉、追尾し、組み込まれた計算装置を使用して航空機の見越し角や俯仰角度を計算する。この目標情報は航空機の速度や飛行方向とともに砲側に伝えられる。

　照準望遠鏡／照準算定器には、砲の位置および弾丸と信管のタイプに応じた弾道データの情報も入力される。航空機の位置が計算されると、照準望遠鏡／照準算定器は火器の性能データと対照して最適な射撃時期を算定し、伝送する。そうして弾丸がちょうどよい時間と高さで目標を迎撃するようにさせる。砲員は弾丸の先端を砲の信管調定機に差し込めば、榴弾の時限信管は自動的に調定され、射撃後正しい高度で爆発するようになる。

　これらの変更が盛り込まれた8.8cm対空砲のシリーズは、FlaK37と命名された。砲身

データ伝送システムが装備されたことがわかるFlaK37。このモデルは対空目的で開発されたもので、88の他のバージョンと異なり地上目標と交戦することはできなかった。(Ian Hogg)

FlaK37の「指針追随システム」ダイヤルのディテール。この装置は航空機と交戦するときに正確な射撃タイミングを決定するために重要である。情報は中央指揮所から砲に与えられる。(Ian Hogg)

は2分割に戻ったが、これと進歩した火器管制システム以外はFlaK36と同じで、射程や発射速度といった全戦闘能力は同一である。しかしFlaK37に使用されている先進的なデータ伝送システムはこの砲が特化し、初期の同系モデルのように対戦車任務などの運用を二義的なものにしたことを示している。

戦争後期にはFlaK37をベースに設計された暫定的機材が開発された。これがFlaK37/41である。これはFlaK41を開発している間に、高性能の砲を獲得しようというものであった。FlaK36/41のように単に通常のFlaK37に外形的にはFlaK37の砲身と同じサイズの新型砲身を取り付けたものだが、より強力な弾薬を発射できるように薬室が拡大されていた。このため反動の制御を助けるため、ダブルバッフルの砲口制退機[訳注17]が取り付けられていた。全部で12門のFlaK37/41が試験用に製作されたが、これらが完成したころにはFlaK41の問題が克服され量産に移行しており、暫定的機材の必要性はなくなっていた。その後すぐ出現したモデル37にはいくつかの技術的改良が施されていたが、本質的に砲の性能に変化はなかった。

戦場における8.8cm対空砲中隊の標準的展開方法は、典型的なものとしては、それぞれ10名の砲員で運用される4門の砲が、「四角形」の頂点に据え付けられる。配置の中心には測距装備をもつ予備の指揮所が置かれ、中隊内のそれぞれの砲と直接連絡する。この指揮所はまた、車両から降ろされた照準望遠鏡／照準算定器の火器管制システムを装備した中隊長と直接連絡する。さらに指揮所は分配器によって、各々の砲と連絡する。

都市と工業地帯に対する連合軍の航空脅威が増大するにつれ、ドイツは8.8cm砲を含むあらゆる口径の対空砲を装備した特別な対空高射砲塔を建設した[訳注18]。たとえば早くも1941年には、ミュンヘンは66門の8.8cm砲を含む対空砲33個中隊に取り囲まれていた。FlaK18/36そして37の対空砲の3つのバージョンは、帝国と前線の双方でのドイツ防空システムの背骨を構成した。実際1944年8月には、1万1000門の8.8cm FlaKが運用されていた。

8.8cm砲はドイツ軍で運用するために配備された時点で、師団付属大隊の重中隊およ

訳注17：砲口から噴出するガスの圧力を利用して、砲発射の反動を減少させる装置。

訳注18：オーストリアのウィーンには現在も当時の対空高射砲塔が、ほぼそのままの外観で残されており、巨大で堅固な建造物であったことがわかる。ベルリンの対空高射砲塔も、まだその残骸の一部を見ることができる。これらの対空高射砲塔には連合軍航空機だけでなく、侵攻する連合軍地上部隊とも撃ち合ったという逸話が残る。

弾頭を信管調定機に差し込むFlaK37のドイツ空軍砲員。(Ian Hogg)

砲身に高い仰角をとったFlaK37が、航空機と交戦する。左側の砲員が「指針追従型」ダイアルを操作し、右側の砲員が弾丸を信管調定機にセットしているのに注目。砲身の白の輪は「撃墜」判定された数を示している。

びいくつかの軍直轄対空大隊に配備された。1個戦車師団の人員は1万3700名以上で、支援部隊には対戦車、対空砲兵中隊も含まれる。師団編成中の対空大隊は、兵力は762名で8門の8.8㎝砲と2.0㎝機関砲18門を装備していた。

1945年1月、連合軍ヨーロッパ派遣軍最高司令部(SHAEF)は、アメリカ第8航空軍の爆撃機に対するドイツの対空砲兵の効果を精査する文書、「エア・ディフェンス・レヴュー6号(Air Defence Review No.6)」を編纂し、「1944年8月での3カ月間にドイツ軍対空砲兵は、喪失した700機の爆撃機のうち66パーセント以上、損傷を受けた1万3000機の爆撃機のうちの98パーセントの戦果をあげた」と結論づけている。1943年には喪失した爆撃機の33パーセント、損傷した爆撃機の66パーセントは、対空砲によるものであった。

この報告書によればドイツは彼らの都市を非常に真剣に防御し、連合軍航空機に戦闘機の迎撃によって被ったよりもはるかに高い代償を払わせている。しかしアメリカ空軍が被った損失のどれだけの部分が直接8.8㎝砲によるものであったか述べるのは不可能である。

対空砲中隊は主としてベルリンやドイツの

工業的中心地域、ルールのような最も高い脅威にさらされた地域に配置された。1943年に「大型中隊」が編成された。これらの部隊は18門の8.8cm砲あるいは少数の大口径火器を装備していた。各「重中隊」はひとつのレーダー基地から、照準望遠鏡／照準算定器から、あるいは補助照準算定器から与えられる情報で管制される。「前地中隊」あるいは「接近路中隊」は、対空砲を組織するもうひとつの方法となった。あらゆる口径の600門以上の砲が、脅威を受けた地域を取り囲んだ。

　88が効果的な対戦車砲だという評判は、戦争の早い時期に始まり、この任務のために特殊な弾薬が開発された。この成功により12.8cm口径までの対空砲を含む各種のタイプの砲兵機材用の対戦車弾薬が開発された。この理由の背景にあったのは、おそらく戦車が対戦車砲を擦り抜けて戦場のどこにでも現れ、それゆえ対空砲員を含めたすべての砲兵が、脅威に対抗せざるを得なくなったからであろう。

8.8cm FlaK41
The 88 mm FlaK 41

　その堅実な設計によって、8.8cm砲は戦争を通じてドイツ軍防空の屋台骨を支え続け、ドイツ軍のあらゆる部門で使用された。しかし戦争開始当初に早くも、ドイツ空軍はより射高が高く初速を向上させた改良型火砲の必要性を認識していた。ラインメタル・ボルジッヒ社は、そのひとつの開発に着手し、1941年初めにはプロトタイプの準備が完了した。しかしFlaK41と命名された砲の最初の配備は、1943年3月まで達成されなかった。

　8.8cm砲の性能向上型は、優れた弾道性能とより進歩した機構設計を備えた非常に優れた火器であった。このモデルの改良点には、駐退復座機構の変更が含まれ、これは対空任務で仰角時の負荷を補償することができた。揺架は垂直から水平の設計に変更され、これによって火器の高さが低められた。支台は砲架上の旋回盤に変更され、これもシルエットの低下と安定性の向上に貢献している。

　砲身は複雑なL/74となり、3つの砲身部が「被筒（スリーブ）」で保持されていた。しかしその結果発射後の空薬莢の排出が困難になった。この問題は、砲身部分のうちの2つが装填した薬莢の口のあたる部分で組み合わされていることに起因することがわかった。発砲すると鉄製薬莢の縁がこの接合部で膨らみ張り付いてしまうことによるものであった。真鍮製の薬莢に変更してこの問題は解決されたが、結局砲身も2分割式に再設計された。

　FlaK41の移動時重量は11240kgで、戦闘時重量は7800kgであった。これはこれまでの8.8cm砲の3種類のバージョンより重かったが、イギリス軍の3.7インチ対空砲のどの型よりも軽かった。FlaK41の砲身は長さは72口径、6.336mで、砲口初速は標準の9.2kgの榴弾を使用して毎秒1000mであった。まだ半自動水平スライド式鎖栓が使用されていたが、より重くなった弾薬の装填を補助する閉鎖機構が使用されている。

　仰角は90度に増加していたが、地上目標と交戦するときの俯角は−3度のままだった。砲には戦車

FlaK41の装填補助機構のディテール。重量の増した弾薬を薬室に装填し、とくに砲身が高い仰角にあるときには肝要であった。(Ian Hogg)

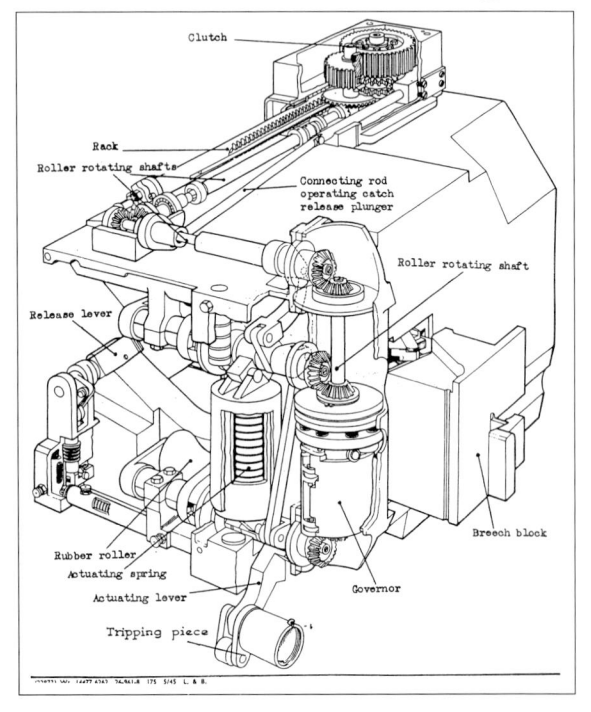

のような地上目標に対して発砲するときに使用するための、独立した回路が装備されていた。よく訓練された砲員なら理論上毎分20発射撃できるが、実用上の理由により（そして本質的に弾薬を節約するため）戦闘状況では決してあり得なかった。最大射高は15000mであったが、より強力な弾薬を使用した有効射程は高度10000m上空であった。これはFlaK36よりおよそ25パーセントも勝っていた。対地任務では、FlaK41は10.4kgの榴弾を19700m以上の水平射程で平射することができた。

the self-propelled anti-aircraft guns

自走対空砲

軍が移動中に、航空機からの攻撃に対する防御を与えるために、ドイツ軍は一連の自走対空砲を開発した。しかし注目すべきはこれらの設計案において搭載砲として8.8㎝砲が考慮されたのは1942年になってからであったということである。ただし初期の試験

FlaK41の砲身を高仰角にとったVFW（試作対空戦車）1特殊車台搭載8.8㎝砲。乗員が操砲できるように車台の側面板が開かれていることに注目。大きな固定式の防盾はFlaK41の標準のものである。

ではFlaK18を使用することは考慮されていた。この計画、「FlaK・アウフ・ゾンダーファールゲシュテル（FlaK auf Sonderfahrgestell＝特殊車台搭載対空砲）」あるいは「フラックパンツァー・フュア・シュヴェーレ・FlaK（Flakpanzer für schwere FlaK＝重対空砲装備対空戦車）」、つまり「装軌車台搭載対空砲」のプロトタイプの製作は、ここでもクルップ社に任された。

この構想は1941年、兵器局が別の重駆逐戦車、8.8㎝ K（Pz Sf）・アウフ・ゾンダーファールゲシュテル（8.8㎝ K（Pz Sf） auf Sonderfahrgestell＝特殊車台搭載8.8㎝砲（装甲自走砲架）[訳注19]）——この車体はFlaK36 L/56 8.8㎝砲の特殊改修バージョンを開放砲塔に搭載するよう計画されていた——を発注したとき、芽生えたものであった。車台はⅣ号戦車をベースにしており、Ⅳ号c装甲自走砲架（Pz Sf Ⅳc）として知られる。後にこのバージョンには、FlaK41 L/71砲を搭載することが意図された。

別に提案されたバージョンには——秘匿名称「ゲレート42（Gerät 42＝42式機材）」として知られる——は8.8㎝砲の新型バージョンを搭載することになっていた。FlaK42 L/71を開発中だったラインメタル社は、この兵器に関して多数の生産上の問題に突き当たっていた。そのための保険だった。しかし、1942年11月に研究用の木製模型が完成しただけで、最終的に1943年2月に計画を放棄した。

1942年8月、オリジナルの装甲自走砲架プロトタイプ3両の試験準備が完了した[訳注20]が、このときには東部戦線での戦火は拡大し、戦車生産に優先権が与えられていた。このプロジェクトの将来は、砲の価値に疑念があったため不透明であった。機動あるいは自走対空砲は、移動中の隊列そして野営陣地に防護を与えるものであるという議論がなされた。標準的な対空車両の配備は、52両の戦車——戦車の生産は生産能力の限界ではなはだしい影響を受けていた——を保有する1個連隊を守るために8両を置くというものであった。

プロトタイプは1943年10月にオストゼーバート＝クーリングスボルン対空砲試射場で野戦試験をうけ、この装備の大きな可能性を示した。この計画は車両全体と、装甲自走砲架のサイズと重量に悩まされた。戦闘重量は26トンに達し、口径15㎝の砲を搭載していたフンメルのような、標準的自走砲兵機材よりも重かった。寸法もまたどちらかといえば大きかった。全長は7mもあり、これは運用されている多くの戦車および自走砲

訳注19：Pz Sf＝装甲自走砲架。

訳注20：前述の対戦車自走砲の開発は中止され、そのために開発された車台が対空自走砲に転用されたということである。この車台はⅣ号戦車車台をベースにしたというものの、エンジンも異なり、外形的に、とくに足廻りには上部支持輪がなくハーフトラック型牽引車と同様のものが使用されたことで、面影は車体前面形状ぐらいしかなかった。

地上目標に対して作戦中のFlaK36。おそらく北アフリカで戦車に対しているのだろう。砲車上から射撃しており、砲員は適宜位置についている。左手隅の砲員が弾丸を抱えているのに注目。

より長く、3mという幅は車両を鉄道で移動するときに問題となった。しかし驚くべきことに、その高さは2.8mとドイツ軍によって課せられた装甲車両の高さの限界の3mを下回っていた。

　8.8㎝砲は折り畳み可能な側面板が装備された砲座に搭載され、側面板を低く畳むことで360度旋回が可能であった。砲身は地上目標と交戦するため−3度まで俯角がとれた。仰角は＋85度までとることができたが、後退した点として追尾と交戦に関するすべての作業は手動で行わなければならなかった。それにもかかわらず、本車は装甲車列に対空、対地双方の任務でかなりの防護を与えることができた。

　この装備を運用する人員は8名で、マイバッハHL90エンジンを装備し、車体は路上で35km/hの速度を出すことができ、戦闘行動距離は250kmであった。計画は1945年1月13日まで永らえたが、より軽量な口径の自走対空砲が開発されており、軍需相アルベルト・シュペーアが最終的に中止した。この計画は戦争中、おそらく8.8㎝砲が組み合わされた設計案で成功しなかった唯一の例であろう。

Ⅳ号c自走砲架搭載自走対空砲（VFW1）には、FlaK37の砲身が取り付けられている。これは成功を収めなかったが、計画は1945年1月まで継続された。

the pak guns
対戦車砲

FlaK41の砲身を装備された VFW1。エッセンのクルップ社工場で撮影されたもの。砲に全周射界を与えるため、側面板が低くされていることに注目。本車の実戦運用はまったく行われなかった。

　1940年5月10日、何カ月かの「まやかし戦争」［訳注21］に続いて、西欧に対して揺るぎない自信をもつ電撃戦が発動された。ドイツ軍はオランダとベルギーを突破してフランスに入り、彼らを止めることはできそうになく思えた。地域的な抵抗は破砕され、連合軍は激しい機甲部隊の攻撃に後退した。5月21日、アラスのすぐ郊外でフランスおよびイギリス軍部隊は編合された。第50師団部隊は第1戦車旅団の戦車の支援を受けて、エルヴィーン・ロンメル将軍に指揮されたドイツ軍第7戦車師団への反撃を発動した。この

■装甲目標に対して使用された対空砲弾薬の性能　垂直から30度傾いた均質圧延装甲板に対する貫徹力（単位㎜）

火器	弾薬	重量(kg)	砲口初速(m/s)	100m	500m	1000m	1500m	2000m
FlaK18および37/L56	Pzgr	9.5	810	97	93	87	80	72
FlaK18および37/L56	Pzgr39	10.2	800	127	117	106	97	88

訳注21：1939年9月に勃発した第二次世界大戦で、ポーランド占領後のドイツ軍と英仏両陣営にしばらくの間、目立った交戦が生起しなかったため、この時期はまやかし戦争などと呼ばれた。

訳注22：1940年6月10日、イタリアはドイツ軍の勝利を見て火事場泥棒的に参戦し、北アフリカでもイギリス植民地のエジプトに侵攻したが、数に勝るにもかかわらずイギリス軍に破滅的な敗北を喫してキレナイカを失った。ヒットラーはもともと北アフリカに興味はなかったが、イタリアが北アフリカを失えばイタリア本土も脅かされ、ひいてはイタリアの脱落にもなりかねない。このためあくまでも北アフリカのイタリア軍を支えるため、ドイツ軍部隊を送ることにした。しかしロンメルはヒットラーの意図に反してわずかな戦力で攻勢に転じ、2カ月でキレナイカを奪還したのである。

訳注23：イギリス軍はトブルクが包囲されエジプト国境が脅かされる状況下で戦力増強に努めていた。しかし、攻勢をせかすチャーチルの圧力により、エジプト国境の要衝を奪回する限定的な作戦を発動した。これが「ブレヴィティ」作戦であった。イギリス軍はいったんはハルファヤ峠を奪還しカプッツォ砦に迫ったが、ロンメルの反撃によって撃退され戦線は旧に復した。

訳注24：イギリス軍は地中海を強行突破したタイガー船団の到着により戦力を増強し、新たな攻撃作戦を発動させた。これが「バトルアクス」作戦である。作戦はハルファヤ峠を正面から攻撃し、砂漠を迂回したカプッツォ砦とサムール、そしてハフィド高地を占領しようというものであった。イギリス軍はドイツ軍の頑強な抵抗でハルファヤ峠を突破することができず、カプッツォ砦とサムール、そしてハフィド高地に取り付いた部隊も、ロンメルの反撃で大損害を受けて撃退されてエジプト領内背後に後退した。

攻撃をロンメルは5個師団の攻撃にさらされたと信じたという。3.7㎝軽対戦車砲PaK36は、イギリス軍のマチルダMkⅡおよびフランス軍のソミュア35にほとんどあるいはまったく効果がなかった。このためロンメルはFlaK18 8.8㎝対空砲に、連合軍の戦車と交戦するよう命じた。

戦闘は激しかったが連合軍にはドイツ人の獰猛さと果敢さに対抗できる見込みはなかった。これは連合軍にとって88との最初の遭遇であった。しかし彼らはこの事実をすぐに評価できる状況にはなかった。その間にさらに南ではドイツ軍は、マルコルスハイムのようなマジノ線の一部を攻撃し、砲座は地上目標の攻撃にあてられた88の直射で破壊された。

8.8㎝砲はその歴史の初めから対戦車任務に使用されたが、実際にタンクキラーとしての恐ろしい名声を獲得したのは、ドイツ軍の北アフリカ戦役（1941～43年）への介入中のことである。ドイツのこの作戦地域への介入は、1941年2月の新設されたアフリカ軍団の部隊派遣にともないロンメル将軍が到着した日に始まった。部隊を集結してロンメルは攻勢を開始し、1940年中にイタリア軍が失った領域のほとんどを取り返した[訳注22]。

ウィンストン・チャーチルの圧力にさらされて、ウェーヴェル将軍は1941年5月にやむなく「ブレヴィティ」作戦を発動した。イギリス軍部隊はカプツツォのロンメルの陣と、すぐにイギリス軍部隊にとって「地獄の業火峠」として知られることになる、ハルファヤ峠（ハルファイヤ・パス）に指向された。このことはどれだけドイツ軍が頑強に防衛することができるかを強調したものである[訳注23]。

翌月、6月15日に「バトルアクス」作戦が発動されたが、ドイツ軍対戦車砲手は再び多くの連合軍戦車搭乗員に激しい衝撃を与えた。この作戦の間にイギリス軍は、よく防護された88の1個中隊に約90両の戦車を撃破されたことが知られている[訳注24]。防衛陣地に砲を隠蔽するためには、砲員は6m×3mに測った武器ピットを掘り、砲身だけが陣地の縁から覗くようにする必要があった。このような低い姿勢のおかげで、砲は簡単には発見されず、戦車への射撃は奇襲となった。

戦役のこの局面では、88を対戦車任務に使用する明白な要求はなかった。というのも砂漠の地形は機動戦に有利で、標準的な砲兵や「パンツァーアプヴェーアカノーネ（Panzerabwehrkanone＝対戦車砲）」あるいはPaKと呼ばれた、特別な対戦車砲に支援された、大規模戦車攻撃が可能であったからである。各ドイツ軍師団には、3.7㎝から5.0㎝の口径の対戦車砲24門が配備されていたが、あまりに広範囲の地域で戦闘が行われたので、これらの火器はしばしば非常に希薄にしか展開されなかった。

ある資料によれば氏名不詳のドイツ軍士官が、ドイツ空軍対空連隊の24門の8.8㎝砲に対戦車任務を展開するよう命じたとされるが、別の資料ではロンメル自身がそういったともされる。この場合に武器の使用法の変更を誰が命じたかは学術的な問題である。というのも88は1940年に6月にフランスで対戦車火器として、すでに名声を博していたからである。

1941年の北アフリカではドイツ空軍は航空優勢を確保していたので、これらの砲を師団の前線に展開していた弱体な対戦車部隊を強化するため再配置する余裕があった。8.8㎝はドイツ軍の「切り札」として知られ、2000m以上の射程で厚さ99mmの装甲板を貫徹することができた。しかしこのような遠距離での目標との交戦は、しばしば土と砂の嵐によって引き起こされた視界の低下によって制限された。これに加えて陽炎が立ち目標の補足が妨げられた。

この人の住まない地帯が続く戦場では、個々のイギリス軍機甲旅団が独自に行動し戦

うのは普通のことであった。このことはまたドイツ軍の「カンプフグルッペ (Kampfgruppe＝戦闘団)」にもあてはまった。たとえば1941年11月19日、イギリス第4機甲旅団の1個連隊が、12門の野砲と4門の8.8cm対空砲に支援されたドイツ軍シュテファン戦闘団が保持していたガブル・サレーフを攻撃したときがそうである[訳注25]

その結果はイギリス軍にとって破滅的であった。2000mの射程で8.8cmは、攻撃にさらされることなく砂漠でのドイツ機甲部隊の攻撃を支援して目標と交戦できた。もちろん、

ソリッドゴムタイヤをもつ砲車に取り付けられたPaK43。良好に傾斜した砲防盾、低いシルエットおよび二重式砲口制退機に注目。(Ian Hogg)

1942年5月、西方砂漠地帯に展開した88とその砲員。砲はその十字型砲架で地上に降ろされ、乗員は砲弾の積み降ろし作業にあたっている。左端の砲員は編み細工の弾薬ケースを抱えている。

88が少なくとも戦車戦力の後方1000mにいて、そこからイギリス軍戦車を撃破できることを知らなかったわけではなかったのだが。

イギリス軍はドイツ軍が保有する88の3倍もの多数の3.7インチ対空砲を保有していたが、しかしいくつかの説明不能な理由で、それらは決して対戦車火器として十分に活用されなかった。3.7インチ砲は8.8cmよりわずかに口径が大きく、理論的にはドイツ軍の火器より良好な対戦車砲であった。しかし、わずか12門の改良型3.7インチ砲がイギリス軍に届いただけで、そのときでさえある資料によれば欠陥照準器によって、いかなる影響をも与えられなかったという。

1942年にバーナード・モントゴメリー将軍が、イギリス第8軍の指揮をとるため北アフリカに到着した。彼はその戦力を構築し最終的に北アフリカから枢軸軍を駆逐し敗北に導く計画を立てた。これは1942年10月23日のエル・アラメインの戦いでついに現実となり、その後彼は容赦なくロンメルをチュニジアまで追撃した。

彼の「回顧録」によれば、モントゴメリーは10月24日のエル・アラメインの初期の戦いで、次のように記録している。「上級指揮官の側には攻撃に出ようとする熱意がなく、戦車の損害への恐れがある。敵の砲はすべて8.8cm砲と報告される」。1942年のドイツ軍の報告書によれば、アフリカ軍団はたった86門の88しか直接の対戦車任務にあてていなかった。しかしこれらは明らかに空軍の砲で強化されていた。88の「タンクキラー」としての名声は、明らかに連合軍の士気を低下させた。

ロンメルが北アフリカで戦っている間に、ドイツ軍は彼らの次の大規模攻撃の準備を進めた。ロシアへの攻撃、バルバロッサ作戦は1941年6月22日に発動された。ドイツ軍

Fig.10

PaK43/41に取り付けられた光学照準器。経験ある砲員ならこの装置を使用して、2000mを越える距離で敵戦車を破壊することができた。(Ian Hogg)

訳注25：1941年11月18日に発動された「クルセーダー」作戦中の話である。この作戦は、エジプト国境付近から出撃し、包囲されているトブルク守備隊と連絡を図るとともに、呼応して出撃する守備隊とでドイツ軍を撃破しようというものであった。作戦はイギリス軍の意図通りに進展したわけではなかったが、ドイツ軍は大損害をうけ、ロンメルはトブルクの包囲を解いて、西方に避退した。

これら2枚の写真は1942年にイタリア、北アフリカを通じて運用された、ハンブルク・オスドルフ第1中隊のものである。左●ハーフトラック牽引車（＊）に牽引される、完全に移動状態のFlaK36 8.8cm砲。
（＊訳注：牽引車は8tハーフトラックである）

は300万人の兵員、3500両を越える戦闘車両、そして7000門以上の火砲――その中には当然88も含まれる――を集結させた。実際、8.8cm砲がロシアへの突撃の1発目の号砲を発射したという伝説がある。しかしソ連軍のT-34戦車が出現するまで、88は軽5.0cm口径砲を補う対戦車砲として、正式に展開することはなかった。

敵の機甲兵力に対抗するために、10門までの対戦車砲がいっしょに組み合わされた「PaKフロント」と呼ばれる集中的な防衛陣地が構築された。対戦車砲による協調された砲火によって、攻撃は撃退される。最初、この戦術はうまくいった。しかし強大なロシア軍戦車の攻撃によって、単純に数的に圧倒されてしまった。

前線兵士には不運なことに、装甲貫徹用の対戦車砲弾に使用される堅い金属のタングステンの深刻な不足によって特殊弾薬は不足していた。この金属の供給は非常に限定されていたため、残存する在庫は別な武器をさらに製造するための原料として使用されることになった。しかしT-34やソ連軍重戦車を撃破するため、軍は標準の5.0cm PaKよりもっと高い初速を持つ対戦車砲を、喉から手が出るほど必要としていた。そうした火器がないのならば、国防軍は既存の砲から発射することができ、新型のロシア戦車の装甲を貫徹できる、タングステン弾芯の弾薬を制限なく供給することが必要であった。通常の鋼鉄弾薬は命中の衝撃でしばしば粉砕したが、タングステン弾芯は高い初速による命中の衝撃に堪えて、戦車の装甲板を貫徹することができた。しかしタングステンが使用できないため、クルップ社はとくに対戦車任務での運用に適した、88

下●戦車との交戦状態に砲を配置した、ハンブルク・オスドルフ第1中隊の砲員。砲身に描かれた多数のタリー（＊）の「キル」リングに注目。
（＊訳注：日本で数を数える時の「正」の字にあたる5本線のこと）

オランダ国境に近いレスコー運河への前進途中、イギリス軍部隊によって調査される、放棄された8.8cm FlaK37砲。砲員は連合軍の航空偵察から砲を隠蔽するため、樹木を天然のカモフラージュに使用したようだ。

の特殊バージョンの設計を命じられた。

PaK43
PaK 43

　要求に対し、クルップ社はFlaK37の改良で応え、8.8cm PaK43として知られる砲は1943年に運用が開始された。同砲は非常に低いシルエットで、砲員を防護するため良好に傾斜した防盾が取り付けられていた。砲はまだ「クロイツラフェッテ」十字砲架に搭載されており、移動用に空気タイヤが装着されていたが、その設計はシングルタイヤ2組となっていた。後にゴムの供給が減少したため、空気タイヤはソリッドゴムタイヤに変更された。

　PaK43は、砲車で重量を支えていたジャッキを地面に降ろしさえすれば、すぐに戦闘に移ることができた。その間に2組の輸送用車輪は取り外され、「アウトリガー」安定脚は、低い位置に降ろされる。砲車の設計は対戦車砲の取り外し式車輪の標準的な方法に則ったものであった。対戦車砲としての純粋な任務では、PaK43の俯仰角度は－8度から＋40度に制限された。この設計のひとつ進歩した部分は、射撃前に砲員がつねに砲車を取り外す必要がないことであった。クルップ社はPaK43が不意に現れた目標にその車輪のままで射撃することができるようサスペンションを十分強力にした。しかしこの形態で射撃する場合には、中央から両側にわずか30度ずつの旋回範囲に制限された。地上にきちんと接地されれば、旋回盤上で完全に360度旋回させることができた。

　88の新型はこのレイアウトによってさらに低い姿勢となり、高さはわずか2.02mであった。そして砲架から車輪を取り外した状態では、PaK43は砲防盾上部までの高さが1.5mまで地上に接近して設置することができ、より容易に隠蔽することができた。PaK43の主要な欠点は、移動時の重量が5000kgで移動時の全長は9.15mとなったことで、移動時の車輪を取り外す必要がある場合、砲を戦闘状態にするには少々時間がかかった。

　しかしそれでもまだその重量はイギリス軍の3.7インチMkⅠ対空砲より4300kgも軽量だった。展開に要する時間の要素は、小さな問題であった。というのもほとんどの対戦車砲は、良好に準備された防衛陣地から運用されるからである。砲車の車輪が撤去されれば、PaK43の戦闘重量は3700kgに減少する。そして準備された防御陣地につき「PaKフロント」を構成するときには、アウトリガーの腕は金属の杭でしっかり固定され、反動によって動揺しないよう防がれた。

　発砲機構は電気式で、これは野戦火器としては一般的でない特徴だった。そしてセーフティスイッチが組み込まれており、もしも砲尾が反動で砲架の足のひとつにぶつかる

ような特別な方向や仰角にある場合は、発砲できないようになっていた。閉鎖機構は半自動垂直スライド式で、射撃後、上塗りされた鉄製薬莢を排出。砲身の長さは6.2mで、毎分10発を射撃することができ、3種類の弾薬が用意されていた。これらのすべては一体型である。発砲による反動の力を減少させる一助として、二重作動式砲口制退機が装着されていた。

榴弾の弾頭重量は9.2kgで、砲口初速は968m/s、そして歩兵の砲兵支援のために21000mの射程にまで射撃することができる。対戦車任務の場合、PaKはタングステン弾芯標準徹甲弾を射撃する。この弾丸AP40、専門用語ではAPCR（合成硬性徹甲弾）の重量は10.4kgである。AP40の砲口初速は1200m/sで、1000mの距離で衝角30度で厚さ167mmの装甲板を貫徹することができた。2000mでさえまだ、衝角30度で139mmを越える装甲板を貫徹するこができた。装甲を貫徹するため爆薬の化学エネルギーを使用する特殊対戦車弾薬──HEAT［訳注26］として知られる──は、1945年の戦争終結時に設計段階にあったが、実戦では用いられなかった。いかなる基準でも、PaK43は真に傑出した設計であり、それが現れたところではどこでも、非常に成功した兵器であることを自ら証明した。

PaK43/41
The PaK 43/41

しかしロシア戦線の重戦車と交戦するために、88の性能をさらに強力に改良する必要があった。薬室を拡大すれば、より強力な装薬で8.8cm弾頭をより高い初速でもって発射することを可能にする。しかし機動力と行動に移る時間も改善されなければならない。クルップ社で設計された88の最後のバージョンは、PaK43/41として1943年に運用が開始された。もともとクルップ社は複雑ではあったもののその十字型砲架をそのまま使用する計画であった。しかし製造上の問題のため遅延が生じ、生産のため妥協が図られた。クルップ社は他の火器の在庫のコンポーネントを使用した、2脚の砲架を工夫した。設計はまた伝統的な分離式牽引砲車に戻り、その腕の先は地中に埋め込んで、射撃時の安定性を向上させる鋤になっていた。

PaK43/41砲は、10.5cm le FH18/40野砲の部品、そしてS18 15cm重砲のタイヤから組み立てられた、2輪のソリッドタイヤをもつ野戦砲架に載せられていた。尾栓は改良型の半自動機構をもつ水平スライド式機構に戻された。本格的な対戦車砲として設計されており、俯仰角度は-5度から+38度となっていた。しかし旋回角度は射撃の中心線から左右28度に制限された。これはもはや旋回盤に搭載されていなかったからである。駐退復座機構は、砲身上のシリンダーハウジングと砲架の両側に垂直に配置されている

訳注26：直訳すれば対戦車榴弾だが、日本語では成形炸薬弾。モンロー効果およびノイマン効果と呼ばれる特殊な理論に基づく弾薬で、炸薬を漏斗状に成形することにより、爆発力を一点に集中することができ、爆発による高温高圧のジェットで装甲板を貫徹する。

特徴的な二重作動式砲口制退機が取り付けられたPaK41/43牽引式対戦車砲。良好に傾斜した砲防盾と砲身の取り付け部となった接合部に注目。(Ian Hogg)

カラー・イラスト

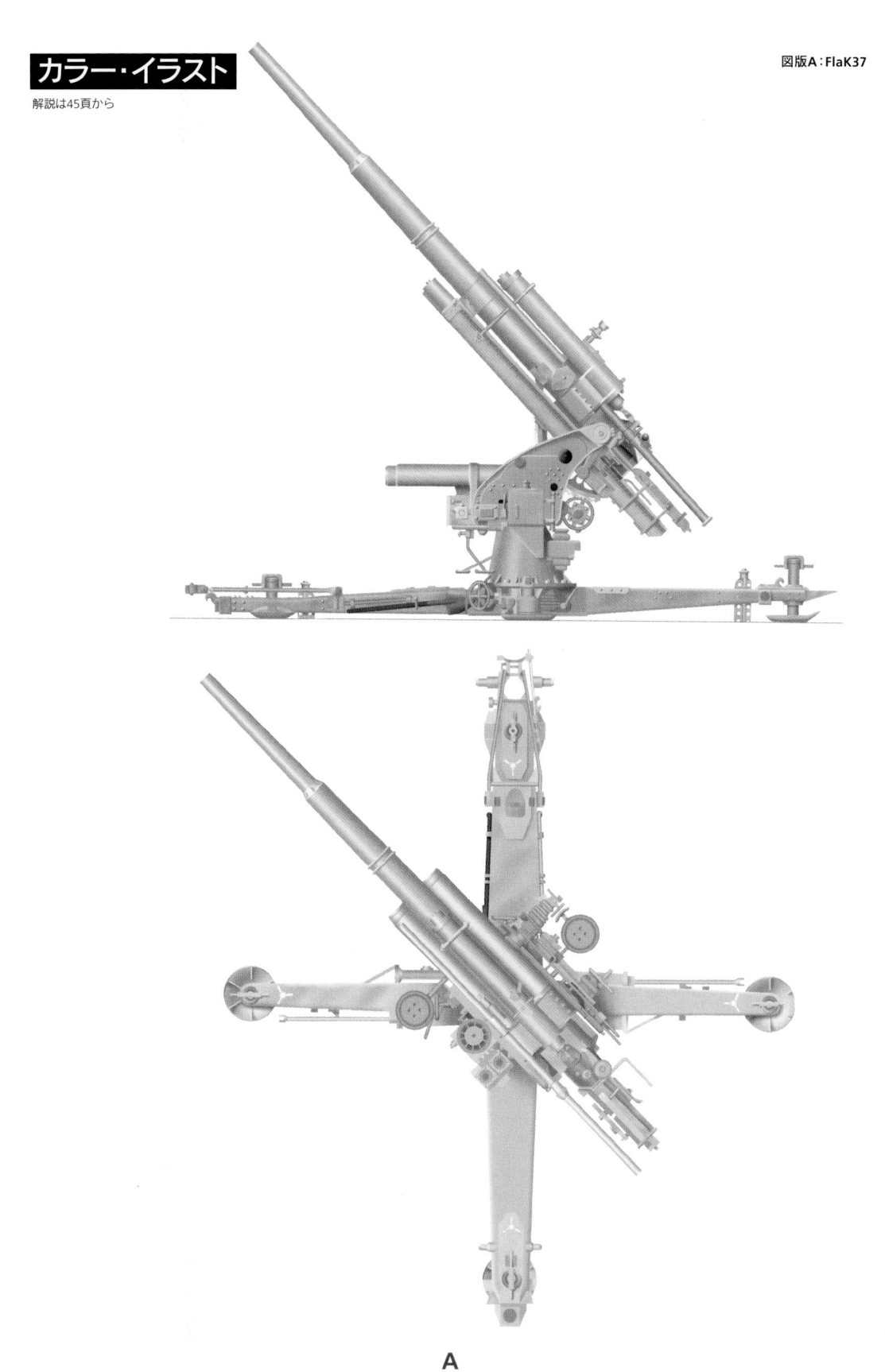

解説は45頁から

図版A：FlaK37

A

図版B：PaK43/41

B

図版C：FlaK41

C

図版D:
FlaK18

各部名称
1. 油気圧式復座機
2. 移動時用砲固定具
3. 目標補足のために360度旋回可能な旋回台座
4. 砲固定用砲揺架
5. 砲耳ベアリング
6. 砲耳を低位置に固定するための方形キャップ
7. 砲身の俯仰時に使用する俯仰ギア支持ブラケット
8. 砲身を支持し台座にマウントするよう設計されたリベットおよび溶接組み立て式サドル
9. ダッグイン(埋め込み式)金属製固定杭;防衛陣地で使用する場合に砲架の十字脚を地上に安定させるためにハンマーで打ち込む
10. 対空任務に使用する俯仰機構ハンドル
11. 射撃砲架;アウトリガーアーム(外側脚)を下げると平面形が十字形となる
12. 対空用弾薬に使用する信管調定装置
13. 平衡用安定ジャッキ;平坦でない地表で姿勢を補正するため各腕の端にひとつずつ取り付けられている
14. 尾栓機構
15. 砲口バランス用平衡機
16. 復座筒
17. 砲身結合部、ねじ込み固定式;FlaK36やFlaK37の後期の型では直線の段差が目立つ
18. 対戦車任務時の直接射撃用望遠照準器
19. 対空砲手の未来位置算定機を監視するための座席
20. 対空照準装備
21. 砲手席
22. ダッグイン用に使用される鋤
23. 陣地接地時の精密平衡用水平調整機構
24. 砲身俯仰角度指示機
25. 砲旋回機構ハンドル
26. 砲口
27. 砲身
28. 対空任務に使用する装填補助機構および折り畳み式防危板
29. 発射レバー
30. 航空機と交戦する際に情報を与える指針追随システムダイアル
31. 海上、空中、地上のすべてのタイプの移動目標の仰角と見越し角を与えるZF20E望遠照準器
32. 装填器のカバー
33. 火器管制装置

性能諸元
移動状態の全体寸法
全長:7.7m
全高:2.4m
全幅(前部):2.19m
全幅(後部):2.3m
作戦状態の全体寸法
全長:5.8m
全高:2.1m
アウトリガーアーム(外側脚)展開時の全幅:5.14m
戦闘重量:4986kg
口径:8.8cm
砲身長:4.7m
ライフリング長およびタイプ:4m、右巻き32グローブ(溝)
砲身重量:1336.7kg
砲口初速:820m/s
発射速度:毎分15発
最大水平射程:14813m
最大射高:9900m
70度の仰角における最大有効射高:7620m
最大仰角:+85度
最大俯角:-3度
旋回:360度
ホイールベース:4.19m
地上高:34.7cm
砲員:牽引車両の操縦手を含めて11名から12名
6名の砲員による移動状態から戦闘状態への移行時間:2.5分
6名の砲員による戦闘状態から移動状態への移行時間:3.5分

29

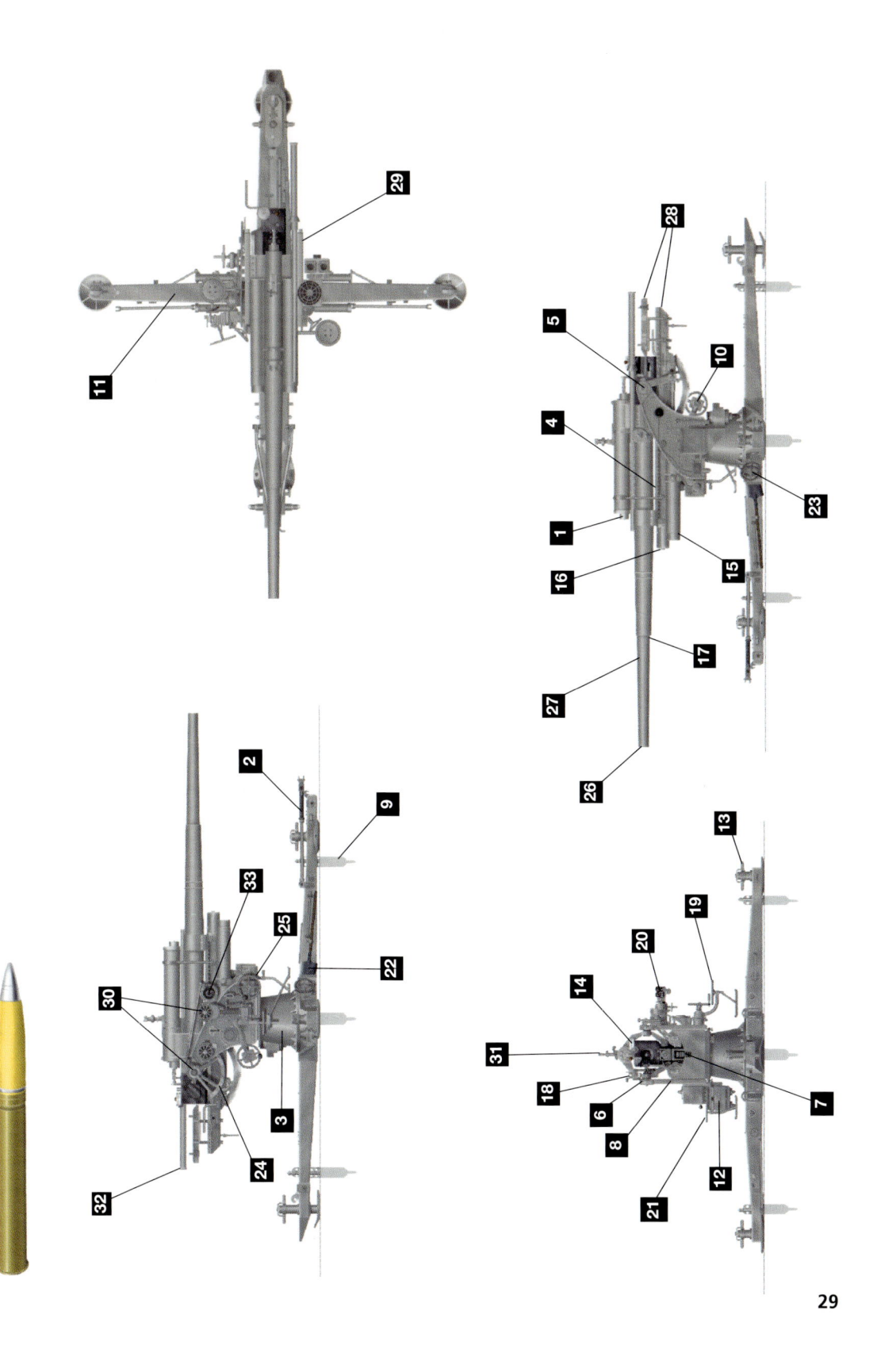

図版E：PaK43

E

図版F：FlaK36

F

図版G：鉄道貨車搭載対空砲

G

平衡シリンダーから構成される。結果として完成した設計は大きくかさばる火器で、部隊はすぐに「ショイネトア(Scheunetor)」すなわち「打ち損じることのない的」とニックネームをつけた。これはその巨大な防盾によるものである。しかも移動時の全長は9.15mで、戦闘重量は4380kgもあって機動が、とくにロシアの泥や深い雪ではやっかいであり、砲員にはまったく人気がなかった。PaK43/41は、幅は2.53mで高さは1.98mであった。しかしそれにもかかわらず、新型設計機材の作戦能力はすばらしいものであった。唯一本当に欠点であったのは、機動を妨げる重量であった。

　普通、新しい技術にはそれなりの代価を支払われるものである。PaK43/41はまだ8.8cm口径であったが、かなり異なる兵器であり、オリジナルの88とはほとんど類似点はなかった。砲身長は71口径で、射撃時の反動を減少させるため二重式砲口制退機が取り付けられていた。大型の弾薬の重量は23kgで、射撃時にものすごい発砲煙を生じる。これは寒く穏やかな天候状況では、砲の配置された陣地のまわりにいつまでも残る。これは火器の位置を暴露するだけでなく、次の目標と交戦するために火器を旋回するときに砲手の視野を妨げる。

　ゆえに射撃速度は、砲身の振動形成を防ぐためにも、毎分15発以下に維持することが推奨されていた。しかしどの砲員であっても、とくに新しい弾薬がもともとの8.8cm砲弾のほとんど2倍もの重さがあっては、毎分15発の発射速度など期待しようもなかった。毎分10発が与えられた仕様であった。新型弾薬は3000mを越える距離でさえ、オリジナルの8.8cm弾薬の1000mのものを越える装甲貫徹力をもっていた。近距離では新型弾薬は真に圧倒的であった。ある文書はロシア戦線で8.8cm砲がどれだけ見事に性能を発揮したか、生き生きと描き出している。

　「パンツァーグラナーテ39(Panzergranate 39)」(ティーガー戦車の主砲にも使用された、標準的8.8cm徹甲弾)の貫徹力は、すべての距離で満足ゆくものであった。この戦区に現れたすべての敵戦車──T-34、KV-1、IS-2──と交戦して破壊的な効果をもたらした。命中すれば、戦車は焔を3mもの高さに噴き上げ燃え上がった。砲塔はほとんど外れるか吹き飛んだ。1両のT-34は400mの距離で後部から射撃され、エンジンブロックは5mも、砲塔キューポラ(司令塔)は15mもかなたに吹き飛んだ」

　PaK43/41はほとんどがロシア戦線で広範囲に使用されたが、一部の部隊はドイツに向かって進撃する西欧連合軍相手にも展開した。1944年までに連合軍はイタリアで88と交戦し、出現し始めた強力な砲にいやいやながらも敬意を払った。サレルノで捕虜になったひとりのドイツ人士官が1946年に、彼の8.8cm対戦車砲中隊の行動についてアメ

PaK43/41の尾栓機構を右後方から見る。箱桁タイプの脚と大きな駐鋤に注目。柔らかい地表に設置される場合には、通常展開される。(Ian Hogg)

Fig.4

PaK43/41の右側面。車輪には空気タイヤでなくソリッドゴムタイヤが取り付けられている。反動を制御するため先端に二重式砲口制退機が取り付けられた砲身の長さに注目。
(Ian Hogg)

Fig.2

リカ軍士官に説明した。

「ええと、このような有り様だった。私は6門の8.8cm対戦車砲の中隊長として丘の上にいた。アメリカ軍はこの道を降りて戦車を送り込んだ。我々は彼らを撃破した。彼らが戦車を送るたびに我々はそれを撃破した。最後に我々は弾薬を撃ち尽くしたが、アメリカ軍は戦車を消耗し尽くさなかった」。これを要約すれば、この戦闘は比較的小規模であったが、どちらの側が先にあきらめるかの消耗戦であった。しかしこれは決して戦闘行動を律したものではなかった。

次に西欧連合軍戦車が試練を受けることになったのは、1944年6月6日［訳注27］のことであった。ここではありとあらゆる8.8cm砲の砲員 —— FlaK18からPaK43まで、そして戦車砲や自走砲を含むすべて —— が連合軍戦車を待ちかまえていた。戦闘がボカージュとして知られるフランス内陸部に拡大すると、88は絶えず連合軍戦車とその他装備に代価を支払わせ続けた。たとえばサン・テーニャン・ド・クラメスニルにおけるある戦闘では、ポーランド第2機甲連隊はひどくたたかれ、全部で26両の戦車が撃破された中で9両が、1門の88によって失われた。

連合軍は激しい戦闘の後、8月までにパリへ近づいた。パリでは少なくとも8.8cm砲20個中隊を含む兵力が防御を固めている —— と考えられた。結局パリは「無防備都市」を宣言したが、連合軍が進入したとき散発的な戦闘が勃発し、88を使用していたドイツ軍対戦車砲兵は、シャーマン戦車を装備したフランス軍機甲車列に砲火を開いた。フランス軍は即座にきわめて正確な砲火で反撃し、砲陣地を破壊した。

the tank guns

戦車砲の運用

Ⅵ号戦車「ティーガーⅠ（Tiger I）」Sd.Kfz.181 Ausf Eは、1942年半ばに運用が開始された。本車はそれまでドイツ軍で運用されていた戦車より速度が遅く重量が重く、東部戦線に出現したロシア軍のKV-1とT-34に対抗して開発されたものであった。この55ト

訳注27：Dデイ。ノルマンディ上陸作戦決行の日。

PaK43/41後面、砲尾から砲前後長方向を見る。箱桁タイプの脚が展開され駐鋤が降ろされている。砲の幅が非常に狭いことに注目。これは戦場での隠蔽の助けとなる。
(Ian Hogg)

Fig.1

PaK43/41の尾栓機構のディテール。水平スライド式の作動状況が示されている。半自動式であり、尾栓が開くと空薬莢が排出され、装填手はほとんど時間を無駄にすることなく、次弾を装填することができる。
(Ian Hogg)

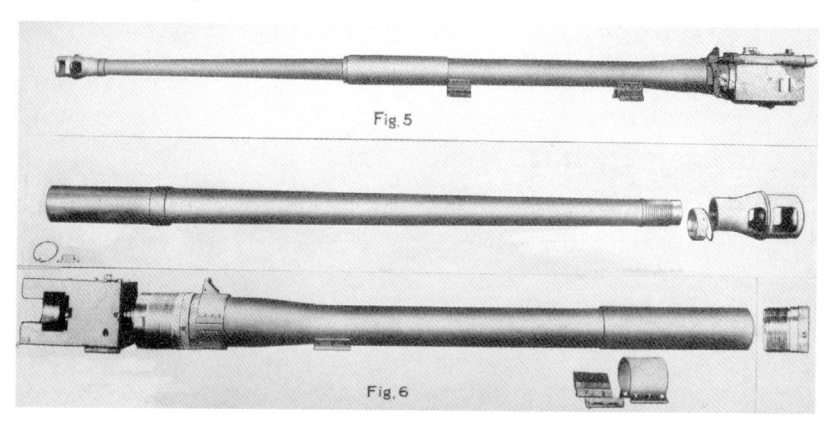

PaK43/41 8.8㎝砲身の構造を示すディテール写真。どのような部品構成で組み立てられ、摩耗したあるいは損傷した部品だけを交換すればいいかがわかる。二重作動式砲口制退機の結合方法に注目。
(Ian Hogg)

　ンの戦車には、110mmまでの厚さの装甲が備えられ、主砲として7.5㎝砲でなく8.8㎝砲が装備されることになった。主砲には砲身長が56口径の8.8㎝ FlaK36のバージョンが選定され、カンプフヴァーゲンカノーネ36、KwK36（Kampfwagenkanone 36＝36式戦車砲）L/56と命名された。
　砲身はバランスをとるため、強力なスプリングの収められた筒で砲塔左側に支えられていた。砲身には反動を減少させるために、油気圧式復座装置を取り付けた油圧制退システムを使用した復座機構とともに、二重作動式砲口制退機が装備され、砲をティーガーⅠの砲塔に装備することを可能にしている。KwK36の閉鎖機構は7.5㎝口径 L/43およびL/48砲と類似したもので、ユニークなことにティーガーⅠE型は8.8㎝砲のこのバージョンを装備された唯一の車両であった。
　砲はすべてのドイツ軍の戦車砲同様に、やはり電気的に発火され、FlaK18、36そして37砲と同じタイプの弾薬が使用されていたが、戦車砲弾としてストックを区別するためにパンツァーグラナーテ（Pzgr）と呼ばれていた。
　弾薬はすべての戦車砲同様、やはり一体型である。KwK36 L/56砲には2種のタイプの弾薬、Pzgr39とPzgr40が使用され、それぞれ1000mの距離で厚さ100mmと138mmの装甲板を貫徹することができた。ティーガーⅠは通常車体内に92発の

Fig.5

Fig.6

即用弾薬を搭載していたが、84両の戦車には追加の無線機が装備されていたため、搭載弾薬数は66発に減らされていた。

　ティーガーIを受領した最初の戦闘部隊は第502重戦車大隊第1小隊で、1942年8月にレニングラードで戦闘行動についた。ティーガーIは少なくとも3個のSS師団とグロースドイッチュラント師団の重戦車部隊に配備され、展開した戦線すべてで連合軍に重大な損失を被らせた[訳注28]。おそらく最も秀逸な例のひとつ──そしてその火器の威力を示したもの──は、1944年6月のノルマンディ戦役中に、SS第101重戦車大隊第2中隊を指揮したミヒャエル・ヴィットマンSS中尉の手によるものであろう。

　6月13日朝、ヴィットマンはヴィレル・ボカージュに続く道路脇の雑木林に隠れ、町から移動する第7機甲師団の車列を観察していた。車列には第4管区ロンドン義勇農騎兵（シャープシューターズ）の1個戦車大隊とハーフトラック輸送車に乗った第1ライフル旅団の部隊が含まれていた。ヴィットマンは車列が彼の位置から80m以下に近づくまで待った。そして先頭の戦車、クロムウェルに砲火を開き1発で破壊した。車列の前方の道路はここで閉鎖された。そして状況を利用してヴィットマンは走りながら、車列の前後に沿って射撃した。型破りで豪胆な行動で見事な腕前を見せたものの、連合軍は車両数で優勢であり、兵站上再補給の問題を受けつつあるドイツ軍にとって、このような戦闘を継続することは不可能であった。

　ティーガーIは1942年から1945年の戦争終結まで運用された。しかしその心理的価値はともかくとして、ティーガーはその大きさと重量が仇となり、より俊敏に機動する連合軍戦車は、利点を生かして後ろから攻撃した。しかし、その武勇は連合軍部隊によって広く喧伝されたため、8.8cm砲の存在そのものが、プロパガンダ上大変に価値あるものとなった。実際この砲と装甲の組み合わせは、我々が知り得る戦場で運用された本車の実際の数よりも、はるかに圧倒的な印象を人々に植え付けたのである。

　VI号戦車「ティーガーII」B型、Sd.Kfz.182は、1944年2月から5月の間に訓練部隊で最初に運用が開始され、最初の部隊がノルマンディに到着したのは1944年7月であった。これらの戦車は8.8cm砲のより強力なバージョンを装備していた。同砲は砲身長は71口径で、きわめて成功作であったPaK43の設計をベースにした、KwK43/L71であった。薬莢は改良されたが、弾頭そのもの（パンツァーグラナーテ＝徹甲弾）は、FlaK41によって射撃されるものと同一であった。

　ティーガーIIは78発の弾薬を携行し、Pzgr40/43弾頭は1000mの距離で厚さ193mmも

PaK43/1 L/71を装備したホルニッセSd.Kfz.164自走重対戦車砲。1943年から1945年までにこの車体は494両が生産され、イタリアとロシアで使用された。(Ian Hogg)

イギリス第8軍を支援して飛来したイギリス空軍によって破壊された8.8㎝砲。複輪の空気タイヤと砲身の支持具に注目。本砲はハーフトラック牽引車（＊）とともに破壊された。
（＊訳注：牽引車は8tハーフトラックであろう）

の装甲板を貫徹することができた。半自動閉鎖機構はティーガーIに装備されたものより単純化されていたが、同じ火器、7.5㎝ L/48と8.8㎝ L/56をベースにしていた。すべての戦車砲同様、砲には垂直スライド式鎖栓が取り付けられ、8.8㎝砲のPaKおよびFlaKバージョンに取り付けられたタイプの発条仕掛け(ばね)で作動した。

　ティーガーIIに搭載された砲には反動の制御のため、二重作動式砲口制退機が取り付けられている。同砲はドイツ軍が運用した通常型設計の作戦用戦車に装備された、最大の主砲であった。残念ながら高初速の弾丸は砲身を摩耗させるため、後の型では砲は2つの部分から構成されるようになった。これは標準的な8.8㎝砲の砲身構成に似ており、砲身全体でなく摩耗した部品を簡単に交換すればよかった。ティーガーIIは485両だけが完成したが、それらは運用開始された1944年から1945年の終戦まで運用された。

　8.8㎝砲のL/71バージョンは、3種類の別の装甲車両にも装備された。「ホルニッセ」Sd.Kfz.164、「エレファント」Sd.Kfz.184、そして「ヤークトパンター」Sd.Kfz.173である。これらはすべて特殊な対戦車車両であり、それらの砲には特別な符号が与えられていた。

the self-propelled units

自走砲部隊での運用

訳注28＝ティーガーI戦車の部隊運用については、大日本絵画刊『重戦車大隊記録』1・2を参照されたい。

訳注.29：それ以前にも装軌式自走対戦車砲はあるが、戦車から改造されたもので、本車はすべてが新設計だったという意味だろうか。

　「ナースホルン(Nashorn＝サイ)」あるいは「ホルニッセ(Hornisse＝マルハナバチ)」としてそれぞれ知られているSd.Kfz.164は、ドイツ軍で運用された最初の特別製の装軌式自走対戦車砲である[訳注29]。8.8㎝砲のPaK43/1 L/71型搭載III/IV号戦車駆逐車は、対戦車砲の機動砲架とすべく1942年に設計された。1943年5月に向けて100両以上が計画された。「ナースホルン」は東部戦線で深い泥の中で、PaK43の牽引型を移動させようと試みた部隊が経験した問題に対応すべく開発された。

　車台にはIV号戦車の車体とサスペンションが流用されていた。車体にはマイバッハ

37

HL120TRM V-12水冷ガソリンエンジンが搭載されていた。同エンジンは300馬力(3000回転)を発揮することができ、路上速度40km/h、不整地速度24km/h、戦闘行動距離は200kmであった。搭載車台は巨大な戦闘室を設けるため改良されており、戦闘室は車体中央より後方に配置されていた。戦闘室の床板は低くなっており、8.8㎝砲の砲座は床に固定されていた[訳注30]。

砲が搭載された状態では砲口の高さは2.24mとなり、これは砲が牽引型の十字型砲座に搭載されたときより、およそ600mm高かった。俯仰角は-5度から+20度までとることができ、旋回角度は30度に制限されていた。車両の乗員は4名で砲のすべてのコントロールは手動で行われた。装甲防御力が不足しているため直射火器として運用するにはあまりに脆弱であると述べる向きがあるが、それにもかかわらずナースホルンは、8.8㎝砲を搭載していることでその任務を果たす上で十分であった。

1944年1月にローマのすぐ南でイギリス軍部隊によって調査される捕獲された8.8㎝砲。彼らはアンツィオ橋頭堡から移動する車列に対して射撃を行った。反撃により砲員は、砲を事実上無傷のまま放棄した。

同車は600mmの高さの垂直障害物を越え、2.3m幅までの壕を超え、30度の傾斜を登ることができる。実際これだけの能力は、車両が理想的な対戦車待ち伏せ位置につくには十分であった。全高は2.95mであり、ナースホルンは3mという高さ制限内に収まっており、実際これこそまさに最大の関心事であった。ナースホルンの最初の部隊、第655重戦車駆逐大隊の東部戦線への到着は、8.8㎝ PaKの牽引型をおおいに増強するものであった。ナースホルンは1943年から1945年まで運用され、その間に当初の発注500両に対して494両が完成した。

2番目の8.8㎝砲搭載型特殊戦車駆逐車は、「8.8㎝ PaK43/2搭載突撃砲Sd.Kfz.184」あるいはあまり公式ではない名称だが「エレファント(Elafant)」あるいは、自動車技術者であり戦車設計者であるフェルディナント・ポルシェ博士[訳注31]にちなんだ「フェルディナント」であった。本車はヒットラー自身の命令で開発されたものである。彼は8.8㎝KwK L/71砲を搭載するのに十分大きい戦闘室をもつ自走砲を開発するよう命じた。

8.8㎝砲を搭載した重戦車駆逐車の設計は、ガソリンエンジン～電気駆動[訳注32]の技術的問題で実用にならなかったポルシェの設計したティーガー戦車のバージョンを使用していた。その結果1942年9月に、固定戦闘室をもち、前面装甲厚200mmで、8.8㎝砲のPaK43/2 L/71バージョンを正面向きに搭載していた。

ポルシェがティーガーIの契約に失敗したとき、彼の会社にはさまざまな生産段階にあった90両以上の車体があった。それらをスクラップにして、そして貴重な生産時間を無駄にするよりも、新型戦車駆逐車の作業を行う設計チームはヒットラーのプロジェクトのために、この車体を使用することに決めた。彼らはそれらを1943年夏のクルスク攻勢に間に合わせて引き渡した。完成した車両は第654および第653戦車駆逐大隊に配備されて戦闘に加入した。これらの車両は立派に任を果たし、後に少数がイタリア戦線で使用された。

外見上フェルディナントは、車体後半分におよぶ大きな箱型の上構をもち、装甲板は設計の許容する限りで傾斜が設けられていた。かなり後方に配置されていたものの、8.8㎝砲の砲身はまだ車体から前方におよそ1.2mも、はみ出していた。砲は手動で扱われ、旋回は28度、俯仰は-8度から+14度まで可能であった。戦闘室への出入りは、後

完全に破壊された8.8㎝砲、おそらくFlaK36。1944年、オランダのどこかで撮影。

部の円形ハッチから行われた [訳注33]。戦闘室には6名の乗員が乗り込み [訳注34]、50発の8.8㎝弾薬とスペースを分かち合った。

フェルディナントはほとんどの連合軍戦車を、彼らが効力を発揮する反撃が可能な距離よりはるかかなたから、破壊することができた。これは恐るべき兵器であったが、砲塔をもたないすべての兵器同様、主要な弱点は側方および後方から攻撃されることだった。

65トンを越える重量があったため、本車は常に擱座(かくざ)する恐れがあり、これを避けるために注意深い偵察が必要であった。フェルディナントは780㎜の垂直障害物を越え、3.2mの幅の壕を超え、1.22mの深さの水中障害物を渡ることができた。大きなサイズと遅い20km/hという路上速度に、わずか150kmという戦闘行動距離のため、前もって偵察することはまして重要であった。

この高度に特殊化された戦車駆逐車には大いに期待が寄せられ、クルスクではその大きさが自らにとって不利益にならないうちにおおいに性能を発揮した。当初彼らは攻撃を先導しソ連軍戦線を突破した。しかしロシア軍の反撃のためフェルディナントを配備された部隊は後方で包囲され、ほとんど掃討されてしまった。東部戦線でのその後の戦いでは、フェルディナントは機動トーチカとして使用された。もっとも、その任務はとても成功したとはいいがたかった。本車はわずか90両だけが生産されたにすぎなかったが、1943年から1944年にかけて運用されているのが見られる。

8.8㎝砲を装備して運用された最後の特殊戦車駆逐車は、45.5トンの「ヤークトパンター（Jagdpanther）」Sd.Kfz.173であった。本車はPaK43/3 L/71 8.8㎝砲を搭載していた。ヤークトパンターが即用弾薬を57発搭載していたか60発搭載していたかには少々議論がある。しかしこの数はおそらく車体乗員しだいであり、そのとき再補給された弾薬ストックによっても変化したのであろう [訳注36]。砲の旋回範囲は左右それぞれ13度に制限されていた。

ヤークトパンターは1944年6月に運用が開始され、特別な対戦車部隊の第559および

訳注30：砲座は正確には中央部のエンジン室の上部の天面に固定されていた。

訳注31：スポーツカーで有名なポルシェ社の創設者である。フォルクスワーゲンの設計者でもあり優れた自動車技術者であったが、戦車の設計にもおおいに興味を示した。ヒットラーと特別な関係をもち、いささか勝手に戦車開発を進めた。自ら理想的と考える構想を追求する少々やりすぎなきらいがあった。

訳注32：ガソリンエンジンで発電し、この電力を得たモーターの動力で走行する。

訳注33：後部のハッチは脱出用で、戦闘室への出入りに使われたのは、上面の2つのハッチである。

訳注34：正確には戦闘室には4名だけで、残りの2名は前部の操縦室に位置した。

訳注35：エレファントの戦歴については、大日本絵画刊『第653重戦車大隊戦闘記録集』を参照されたい。

訳注36：定数は何発だったのかという議論があることを示している。

左と右頁●エル・アラメインの戦闘中、放棄された8.8cm砲を捕獲した回収部隊。退却した敵が残したものであるが、まだ運用可能であり反撃によってドイツ軍の手に渡るのを防ぐため戦場から除去されなければならない。

　第654戦車駆逐大隊に配備された。典型的なヤークトパンター大隊の書類上の戦力は30両であったが、しかし実際にはこれは配備の困難のためにほとんど実現することはなかった。おそらく唯一部隊が戦力定数を超えたのは、第654大隊が42両を受領したときだけだった[訳注37]。

　本車両は1944年から1945年の敗戦まで使用され、残存の何両かは、総統擲弾兵師団を含むいくつかの戦車師団にも配備された。ヤークトパンターはまた、1944年12月のアルデンヌ戦役中に連合軍に予期せぬ不快な驚きをもたらしたが、西方では戦争は完全に終わったと考えられていた時期のことであった。その乗員には非常に好評であったことは理解できるが、生産は1944年1月から1945年3月まで続いただけで、わずか382両がなんとか生産されたにすぎなかった。

■戦車砲

				垂直から30度傾いた均質圧延装甲板に対する貫徹力（単位mm）				
火器	弾薬	重量(kg)	砲口初速(m/s)	100m	500m	1000m	1500m	2000m
KwK36/L56	Pzgr39	10.2	773	120	110	100	91	84
KwK36/L56	Pzgr40	7.3	930	171	156	138	123	110
KwK43/L71	Pzgr39-1	10.2	1000	203	185	165	148	132
KwK43/L71	Pzgr40/43	7.3	1130	237	217	193	171	153

Pzgr＝パンツァーグラナーテ：実体徹甲弾
（訳注：実際にはドイツ軍の徹甲弾は実体弾ではなく少量の炸薬が封入された徹甲榴弾が主流であった）

miscellaneous 88

多用された88

　「シフスカノーネ（Schiffskanone＝艦載砲）C/35」および「ウンターゼーボートラフェッテ（Unterseebootlafette＝潜水艦砲架）C/35」は、海軍用の火器で、それぞれ水上艦と潜

訳注37：重戦車駆逐大隊の実際の戦力定数は、45両であった。

訳注38：ノルマンディ上陸作戦では、連合軍は上陸する海岸にいくつかのコードネームをつけた。ジュノー海岸はそのひとつ。西から東にユタ、オマハ、ゴールド、ジュノー、ソードで、前2カ所にアメリカ軍、後3カ所にイギリス軍が上陸した。

水艦に搭載され使用された。技術的にはより強力で有名な8.8㎝砲のPaKおよびFlaKバージョンほど優れたものではなかったが、それでも軽量のC/35は低速で移動する舟艇のような目標を攻撃するのに有益であった。C/35は対空および対戦車砲と同じ口径ではあったが、完全に異なる火器でありこれをこの解説に含めるのは、8.8㎝口径砲がいかにいろいろな形態や大きさで現出したかを、単に描き出すのに益するためである。事実C/35は、第一次世界大戦中にドイツ軍の戦闘艦艇に装備されて以来の8.8㎝口径の、艦船、潜水艦用砲の長い歴史の最後を代表している。

　砲は台座に搭載され砲員を防護するための防盾をもつ。Uボートに使用されるモデルには、胸当てが取り付けられている。砲は単に暫定的火器として使用する目的で設計されたもので、沿岸防衛の脆弱な地点に配置され、一部はノルマンディ沿岸で敵の上陸作戦に備えた各種の沿岸防衛陣地に配備された。Dデイの朝の交戦のひとつとして、ジュノー海岸[訳注38]に上陸したカナダ軍の分遣隊は、クルスール港出口に設置されたこのような砲のひとつからの砲火にさらされた。この砲は最終的にシャーマン戦車によって破壊されるまで射撃を続けた。

　ドイツ軍需産業に関して実に驚異的なことのひとつは、戦争のその最後の週まで軍需資材の生産を続けたことである。「千年」帝国が戦争に負けた事実によって誰からも否定的に見られがちだが、しかし少なくとも軍需産業に関しては、通常通りに運営され、どこであっても旋盤は最後の日まで回り続けたのである。

　たとえばラインメタル社は、また別の対空自走砲を作り出すため、パンター戦車の車体に8.8㎝ FlaK41を搭載する計画に加わっていた。あらゆる武器を生産してきた経験にもかかわらず、同社は砲塔の設計と製作上の困難に直面した。そしてそれによってプロトタイプ車体の製作は遅延し、ドイツ軍が全戦線で完全な後退戦闘を行っている1945年2月に至るまで完成しなかった。

　ラインメタル社は木製モックアップを作り出したが、これは非常に先進的であり、まち

がいなく当時のドイツ軍需産業の能力を超えていた。同砲は単にパンター搭載8.8cm FlaK41として知られ、ほとんどパンター車体の全長におよぶ、長さが6mを超える、多角形の砲塔に搭載されていた。車体の全高は、装甲車両開発に課せられた制限の、ちょうど3mだった。上構の中央部全体が履帯ガードの高さまで撤去され、360度旋回可能な巨大な砲塔は、中央軸に搭載されていた。これは死に逝く巨人の最後のあえぎであり、パンター車台のコンバートに関して多数の改修が必要なため、戦争中のいかなる時点でも決してうまくいかなかっただろう。

　別の戦争末期の武器プログラムが、「ライヒテ・アインハイツヴァッフェントレーガー（Leichte Einheitswaffenträger）」すなわち「軽標準化武器運搬車」である。このバージョンのひとつには、8.8cm PaK43 L/71と34発の弾薬が搭載されることになっていた。クルップ社はこのプロジェクト全体を統制しラインメタル社、アーデルト社そしてシュタイアー社とともに、すべて異なる車台から降車可能な砲兵機材を輸送する運搬車を製作した。Ⅲ/Ⅳ号戦車車台をベースにして10.5cm砲を使用するバージョンのコンセプトが早くも1943年に提案されていたが、兵器局第4課はこの計画には経費がかかりすぎると考え、キャンセルした。

「軽標準化武器運搬車」は1945年春に生産が開始され、1945年9月までに月産350両の生産率とすることが予定された。8.8cm砲バージョンは360度旋回可能で、Rblf36照準器が取り付けられていた。砲身は＋20度まで仰角をとることができ、俯角は－8度で対戦車任務を行うことができた。8.8cm砲バージョンは、ヘッツァーや弾薬運搬車のようなその他の車両にも使用されている、38(t)戦車のコンポーネントを使用していた。同車は遅くとも1945年4月27日には、ヒラースレーベンで試験中であった。この試験はおそらくアーデルト社のプロトタイプに関するものであったろう。しかし戦争が終わる数日前では、それ以上このプロジェクトを追求しても何の意味もなかった。

　ヤークトパンター・シュタール戦車駆逐車は、戦争が終結するとき進められていたまた別の作業である。この特別プロジェクトの開発プログラムは、ヤークトパンターに8.8cm PaK43/1 L/71リジットマウント［訳注39］無後座型砲のプロトタイプを取り付けようとするものであった。クルップ社は戦闘室の中心線に沿って砲を搭載する可能性を検討したが、車体内でもっと後ろに配置しなければならなかった。リジットマウント砲装備38(t)駆逐戦車の初期のプロトタイプの成功は、このコンセプトがうまく働くことを示した。しかし結局プログラムはこれもまた設計図段階にとどまったもののひとつとなり、連合軍が勝利の後に調査する材料となっただけだった。

　最後に攻撃用の航空機に搭載し地上目標に対して使用するように設計された、「ドゥーゼンカノン（Dusenkanon）」単発式無反動砲の例がある。いくつかの開発プログラムが1939年以来進展していたが、これらのうち最も見込みがあったのが、ラインメタル「DKM-43」あるいは「DUKA-8.8cm」であった。これは用語が意味しているように、8.8cm FlaK用榴弾の標準弾頭を使用しているが、特別な薬莢が取り付けられていた。火器には通常のスライド式尾栓が取り付けられていたが、薬室は2つの排気管をもち、射撃するとそこをバイパスして発射ガスが排出され、射撃時の反動を大きく減少させる。火砲には離陸前に弾薬が装填され、地上目標に対して使用するときには発射されれば、一般の無反動砲のように機能する。「ドゥーゼンカノン」には通常型8.8cm砲同様の威力が込められており、唯一の欠点はそれが単発式であるという事実だった。開発途中であった連発バージョンの製作は、戦争終結前には完成しなかった。

　8.8cm砲はそのすべての形態において、ドイツ軍で長く運用され忠実であった。同砲はすべての戦線、すべての天候、地形で使用され、並ぶべき者ない記録を達成した。占

訳注39：砲を直接車体に固定するマウントで、車体そのもので反動を受け止める。複雑な駐退復座機構を廃することができ、資材、人力の節約が期待された。

領地にドイツ軍部隊が展開すればどこへでも、8.8㎝砲が続行した。1940年から1945年まで占領された唯一のイギリス領土のチャネル諸島でさえ、ドイツ軍8.8㎝砲、96門を対空任務とそして二義的任務として沿岸防衛にあたらせるために展開させた。ジャージー島およびガンジー島にはそれぞれ36門、より小さな島のアルダーニにさえ24門が配備された。

　ようやく戦争の終わりに近づく頃になって、戦車の装甲がますます厚くなると、強力な8.8㎝砲に対する連合軍戦車乗員の姿勢は緩和され始めた。しかしその頃でさえ、もし装甲を撃ち抜くことができなくとも、履帯を撃ち飛ばせば戦車を動けなくすることができた。第二次世界大戦が進展するにつれ、連合軍戦車の設計も進化した。装甲の厚さが増加するだけでなく、主砲の射程も増加した。これが意味するのは、乗員は8.8㎝砲に射撃されるときにも対等以上に生き残る機会が生まれ、撃ち返しさえして砲陣地を撃破する可能性が増したということである。

　1945年までに8.8㎝砲はその神秘性、不屈の伝説のほとんどを失ったが、現在でもまだ8.8㎝砲は第二次世界大戦中の対戦車砲の指標と見なされている。戦後には多くの国が短期間だが8.8㎝砲を使用した。その中でもスペイン、ポルトガルそしてユーゴスラヴィアは、それらが退役するまで沿岸防護に使用した。アルゼンチンもまた戦後、1938年に購入した兵器の中から8.8㎝砲のバージョンを使用した。これらもまた1950年代に

ロシアのバルソフ近郊に展開した8.8㎝ FlaK。長射程でロシア軍戦車を撃破することができる88は、ドイツ軍にとって大規模戦車攻撃に打ち勝つ切り札となった。

至るまで、退役することはなかった。

　1939年のポーランド戦役、1940年、1941年の電撃戦から、1944年のノルマンディ、アルデンヌの戦役を通して、ベルリンの廃墟の中まで、8.8㎝砲に配置されたドイツ軍砲手らは、壊滅的な影響を及ぼし、彼らと戦った人々に戦場で、あるいは戦場上空で大きな印象を与えたのである。何が88をそこまで特別にしたのだろうか？　言葉では説明しようがない。8.8㎝砲そのものは通常型の砲兵機材であった。しかし一連の性能向上を通じて、使用法が生み出され、弾薬の選択肢が拡がり、ついには伝説となっていったのだ。8.8㎝砲のPaK43を、「疑いなく第二次世界大戦中に使用された、唯一最も有名な砲兵機材」と呼ぶことは、決して不当ではないのである。

対戦車任務に使用されているFlaK37。砲はその十字砲架で地上に据え付けられ、砲車は写真の後方に見える。左側の砲員が編み細工のケースから弾薬を取り出している。

カラー・イラスト解説 The Plates

（カラー・イラストは25-32頁に掲載）

A 図版A：FlaK37

8.8cm砲のFlaK37バージョンは、1939年から1945年の戦争の全期間を通じて、ドイツ空軍によって対空用途に使用された。11名の砲員によって運用され、Sd.Kfz.7ハーフトラック牽引車によって、機動性が確保されていた。当初は敵航空機と交戦することが任務とされており、信管調定機「ツンダーシュテルマシーネ（Zunderstellmaschine）」19あるいは37を装備していたが、FlaK37にも徹甲弾は供給されており、戦車と交戦することも、また榴弾を使用して地上目標と交戦することも可能であった。状況に応じて防盾を取り付けて、あるいは取り付けずに使用された。

図のFlaK37は砲防盾が取り外され、固定陣地から射撃するため十字型砲架に砲車なしで自立している。復座機が砲身上にはっきり見え、砲身下には駐退シリンダーがある。平衡機は砲耳を介して砲身が取り付けられている上部砲架の間から突き出しているのが見える。俯仰角度は－3度から＋85度で、このように地上へ据え付けられた状態でも、砲座に砲車が取り付けられた状態でも、360度旋回することができた。俯仰と旋回をコントロールする旋回手の座席は右側に見え、砲手と信管調定手席は左側に見える。十字型砲架の各脚の先端はジャッキで固定され、砲車から降ろされたときにしっかりと接地するように調節される。

FlaK37の砲身は、砲身の継ぎ目が固定された部分で「段」がつけられており、全長は4.9mで右巻きのライフリンググルーブ（旋条）32条が刻まれている。移動状態での全備重量は6861kgで全長は7.62mであった。

砲分遣隊は11名から成り、彼らは以下のように配置されていた。

1）射撃指揮官
2）牽引車操縦手
3）俯仰操作員
4）旋回操作員
5）装填手
6）弾薬取扱手
7）弾薬取扱手
8）信管調定機操作員
9）信管調定／弾薬取扱手
10）弾薬取扱手
11）弾薬取扱手

毎分15発の発射速度を発揮して、戦闘行動中の11名の砲員はきわめて繁忙である。戦闘のまっただ中で砲が射撃を続けるためには多数の弾薬取扱手が必要で、いかなる状況でも何をすべきか誤らないためには、彼らは十分な訓練の必要なことを知っていた。砲員のどの人員であっても負傷した、あるいは死亡したときには、他の砲員がその任務を代わって遂行することになる。弾薬取扱員の場合なら、彼らの弾薬補給を間に合わせる労力は2倍になるわけである。

十字砲架をより安定させるためには、鉄製の杭を各脚の端にある特別な溝に、ハンマーで打ち込んで地面に固定する。これで射撃時の安定性が確保できるが、これはまた行動から離脱するときより多くの時間が必要になることを意味する。実際この方法で砲架を固定したことで、おそらく戦術的後退の際に多数の火器が放棄される結果を招いたのであろう。

B 図版B：PaK43/41

1943年に8.8cm砲のPaK43/41バージョンが東部戦線に到着したことは陸軍にとって、直接的な結果として、ロシア軍重戦車を破壊するために十分な「パンチ力」をもつ、より強力な対戦車砲が出現したことを意味した。PaK43/41は主としてロシアで使用されたが、西欧連合軍に対しても限定的に使用された。

砲架そのものは、特徴的な二重作動式砲口制退機が装着され長砲身の8.8cm砲が取り付けられた、火器のコンポーネントを使用した設計を組み合わせて構成されている。標準的8.8cm口径砲と異なり、大きな薬莢に合わせて薬室が拡大されており、砲口初速は標準徹甲弾を使用して1000m/s、合成硬性徹甲弾を使用して1131m/s、榴弾を使用して805m/sであった。強力な合成硬性徹甲弾であるAP40/43弾丸は、1000mで241mm厚の垂直な装甲板、2250mで159mm厚の垂直な装甲板を貫徹することができた。

PaK43/41は開発され実戦運用された、88で唯一の2輪牽引バージョンであった。その強力な性能にもかかわらず、PaK43/41は砲員にとっては人気のある火器ではなく、その巨大なサイズから、「打ち損じることのない的」とニックネームがつけられた。全備状態の重量は4380kgで全長は9.14mあり、砲員にとってロシア戦線の雪と泥の中で砲を移動させるのは、大変な労苦であった。

ドイツでのゴムの不足がより厳しくなったため、空気タイヤはプレス製金属車輪に数本のソリッドゴムのバンドが取り付けられた形式に変更された。ここで見られる光景は、砲員が徹甲弾——黒の弾頭によって識別できる——を装填しようとしているところで、ロシア戦線で戦車との交戦を準備しているところだ。分割式の脚の各腕には端に駐鋤が取り付けられており、砲の射撃時には脚が下げられて地面に打ち込まれ、砲の反動を制御する一助となる。

C 図版C：FlaK41

ドイツ本土の対空防護ははっきりとドイツ空軍の責任であった。これには前線で勤務している人員に加えて何千もの特別な要員をあてねばならなかった。戦争初年には8.8cm FlaKの最初の型で連合軍爆撃機に十分対処できたが、重爆撃機が導入されるにつれて、ドイツ空軍はFlaK41の導入を強く求めることになった。連合軍新型爆撃機は高高度を飛行したため、FlaK41は当時彼らと交戦するた

45

めに使用され戦果をあげられる唯一の砲となった。
　1941年から製図板の上にあったFlaK41は、1943年になってようやく最初の部隊に配備された。このときまでに連合軍は、ドイツの工業中心部に対して「1千機の爆撃機」による空襲を行っていた。本土防空用には6門のFlaK41が対空中隊を編成し、これらはさらに各々2門の砲をもつ3個対空小隊に分けられていた。前線部隊では中隊の砲の数は4門に減少していたが、2.0㎝対空機関砲2個中隊による追加の防護が与えられていた。
　各FlaK41は補助の砲操作員を含めて12名の砲員で運用され、理想的な状況下では毎分20発の発射速度が達成できた。砲はより強力な薬莢を使用できるようにするため薬室が拡大されており、15000m以上の目標との交戦に使用することができた。これは当時の航空機に対抗するには十分すぎる性能であった。FlaK41の砲口初速は1000m/sで、アメリカ陸軍航空軍の昼間爆撃機編隊に付き添う護衛戦闘機を含めた、すべての種類の航空機との交戦に使用することが可能であった。
　砲身が極端に大きな仰角をとったときに、重い弾薬の装填を補助するため、FlaK41には特殊な装填装置が装備されていた。ゴムのローラーが砲弾を摑みそれを砲尾に押し込むこの装置は、装填時間をおおいにスピードアップした。ここに見られるのは、FlaK41を運用する12名のドイツ空軍砲員の一部で、FlaKは十字型砲架上で固定陣地に据え付けられ、陣地は土嚢で防護されている。装填手は黄色の榴弾を砲尾に押し込む準備をしており、弾薬の信管は、目標を追跡し未来の飛行位置を予測する照準望遠鏡／照準算定器を介して砲位置に伝えられた情報により、信管調定機でセットされる。
　FlaK41にはまた対戦車弾も配備されている。そしてそれに加えて、砲身は－3度まで俯角をとることができ、PaK43と同様の距離で地上目標と交戦することができる。砲はまた地上目標と交戦するために榴弾を発射することもでき、通常の野戦砲兵と同様に射撃支援にあたることができる。

図版D：FlaK18

D　図示された弾薬は榴弾（HE）である。ここに見られるようにはっきりと黄色に塗られた弾頭が真鍮製薬莢に装着されている。戦争が進展し経済が悪化するにつれて、弾頭の導環は焼結鉄に変更された。図に見られる弾頭信管「コプフツンドゥング（Kopfzundung）」、Kzは、榴弾の標準装備である。「シュプレンググラナーテ（Sprenggranate）」、SprGr榴弾の重量は9.4kgで、FlaK18、FlaK36、FlaK37に使用された。同様の弾薬はティーガーⅠ戦車に装備された、KwK36からも射撃された。

図版E：PaK43

E　PaK43は8.8㎝砲シリーズの中で、専用に開発された最初の対戦車砲バージョンである。この砲は1943年に導入され、この絵のようにイタリアを含むすべての戦線で使用された。ここでは戦車と交戦するのに車輪付き砲架に据え付けられたまま使用されている。重量のあるPAK43/41とともに、PaK43はもともとは空気タイヤを装備するように設計されていたが、戦争が進むうちにプレス加工の車輪にソリッドゴムの輪を取り付けたものに変更された。砲には良好な傾斜をもつ防盾が取り付けられており、二重作動式の砲口制退機——これは発砲時の後座力の制御を助けるものである——とともに、よく目立つ特徴となっている。イタリアではPaK43は、8.8㎝砲の他のバージョンとともに連合軍戦車に、高い通行料を支払わせた。
　PaK43バージョンは重量5000kgで、Sd.Kfz.8のような牽引用に設計された各種のハーフトラックによって牽引することができた。薬莢に詰められた強力な装薬により、AP39-1弾の発射時には、1000m/sの砲口初速を発揮できた。砲身寿命はわずか500発で、その後はライフリングの摩耗が激しくなるので、精度と射程が低下する。PaK43の十字型砲架は360度全周旋回が可能だが、ここに見られるようにその台車上から射撃する場合には、砲身の旋回範囲は中央線から左右各々30度ずつに制限される。その低い姿勢によって隠蔽は容易で、利用可能ないかなる遮蔽物でも有効に使用できた。十分経験を積んだ砲員なら2000m以上の距離で目標と交戦することが可能で、理想的な視界が得られる場所ではそれ以上の射程さえ得られた。

図版F：FlaK36

F　当時3種類あった8.8㎝ FlaKのバージョンはすべて、1941年にエルヴィーン・ロンメルが指揮するアフリカ軍団による北アフリカ戦域での作戦に投入された。紹介されているFlaK36の砲員はアフリカ軍団の兵士で占められているが、この戦域では陸軍が防空の任を負った。典型的な陸軍の大隊は、それぞれ4門の8.8㎝砲と追加防御の2.0㎝機関砲を装備した中隊2個か3個から成った。
　ハーフトラックはSd.Kfz.7牽引車で、11名の砲員と彼らの個人装備を携行した。砲身を前向きにして牽引車両に向けるのは、牽引時の標準的なやり方であった。アフリカではFlaK36やその他の対戦車砲は、とりわけ軽装甲の連合軍戦車に対して高い通行料を強要した。とくにハルファヤ峠では多数の戦車が失われたため、「ヘルファイヤ峠」とあだなされたくらいであった。たとえば1941年6月12日、ガザラの戦い中には、イギリス軍はおよそ330両の戦車戦力のうち250両の戦車を、戦車砲と対戦車砲によって失ったのである。
　牽引車はまた、他の車両が追加の補給を届けるまでの間、砲が戦闘行動をとるために十分な弾薬を携行することができた。砲員が対戦車任務における成功を示す非公式な標識として、白の「キルリング」を彼らの砲身回りに描くのは普通のことであった。砲員によっては砲防盾に航空機のシンボルを描いた例もあり、船でシンボルが示されていたものも撮影されている。これはおそらく砲が、沿岸防衛任務の役割も担っていたことを示すものだろう。
　FlaK36はまた、ほぼ15000mの射程で通常の榴弾を射撃することができ、歩兵の攻撃を援護するため火力支援を行うことができた。しかし8.8㎝砲が最も圧倒的威力を発揮するのは、とくに戦車と交戦するために組織された防衛用の「PaK」フロントを構成したときである。これはまさに連合軍にとって手ごわい目標であった。

図版G：鉄道貨車搭載対空砲

8.8cm砲はきわめて多芸であり、火器に万能の機動性をもたせるため、あらゆる砲架に搭載された。しかし、アイゼンバーンフラック（Eisenbahnflak＝鉄道対空砲）として知られる、鉄道貨車に搭載されて、ひとつの場所から別の場所へと素早く移動できる対空列車中隊は、コンセプトの域を出なかった。このような対空列車は、連合軍がドイツの工業中心地域に対する爆撃を強化させるにつれ、爆撃機戦力に対抗するため必要な場所に配置された。このような鉄道車両用砲架の多くは、標準的な鉄道貨車のストックから即興的に製作されたが、ゲシュツヴァーゲンⅢ（Eisb）＝Ⅲ式砲車（鉄道）重FlaKは、標準化された改造型である。ここに描かれたのがそのバージョンで、対空任務用に8.8cm砲のいかなるモデルも搭載することができた。側面は起倒式になっており、広い操作用プラットフォームとして砲員が使用することができ、また保管庫には補給用弾薬を搭載することができた。全長は15.8mで、8.8cm砲と搭載弾薬を含めて全備重量は45.8トンであった。

BIBLIOGRAPHY／原著者が推薦する参考文献

Chant, Christopher, Twentieth Century War Machines; Land, Chancellor Press, 1999
Davies, W.J.K., German Army Handbook; 1939-1945, Ian Allan Ltd., 1973
Deighton, Len, Blitzkrieg, Jonathan Cape Ltd., 1979
Ellis, Chris, and Chamberlain, Peter, The 88; The FlaK/PaK 8.8cm, Parkgate Books Ltd., 1998
Fuller, Major-General J.F.C., et al., Warfare Today, Odhams Press Ltd.（刊行年月日不明）
Hogg, Ian, The Encyclopedia of Weaponry, Greenwich Editions, 1998
Hogg, Ian, The Illustrated Encyclopedia of Artillery, Quarto Publishing Plc, 1987
Hogg, Ian, The Encyclopedia of Infantry Weapons of World War II, Arms & Armour Press Ltd., 1977
Johnson, Curt, Artillery; The Big Guns Go To War, Octopus Books, 1975

◎訳者紹介

山野治夫（やまのはるお）
1964年東京生まれ。子供の頃からミリタリーミニチュアシリーズとともに人生を歩み、心も体もすっかり戦車ファンとなる。編集プロダクションに勤め、PR誌編集のかたわら、原稿執筆活動にいそしむ。外国の戦車博物館に出向き、資料収集にも熱心に取り組んでいる。

オスプレイ・ミリタリー・シリーズ
世界の戦車イラストレイテッド **27**

**8.8cm対空砲と対戦車砲
1936-1945**

発行日	2004年6月11日　初版第1刷
著者	ジョン・ノリス
訳者	山野治夫
発行者	小川光二
発行所	株式会社大日本絵画 〒101-0054 東京都千代田区神田錦町1丁目7番地 電話:03-3294-7861　http://www.kaiga.co.jp
編集	株式会社アートボックス
装幀/デザイン	関口八重子
印刷/製本	大日本印刷株式会社

Ⓒ2002 Osprey Publishing Limited
Printed in Japan
ISBN4-499-22845-X C0076

88mm FlaK 18/36/37/41 & PaK 43 1936-45
John Norris

First published in Great Britain in 2002,
by Osprey Publishing Ltd, Elms Court,
Chapel Way, Botley,
Oxford, OX2 9LP. All rights reserved.
Japanese language translation
©2004 Dainippon Kaiga Co.,Ltd.